林太燉什麼
燉一鍋暖心料理

50 道鍋物料理：

牛肉 × 豬肉 × 雞肉 × 海鮮 × 蔬菜，輕鬆烹煮，一鍋搞定。

作者——陳郁菁 Claudia

本尊與分身都是林太 Claudia，業務人生讓我養成了美食雷達，品嘗美味自己下廚；懶得人前人後，個性大辣辣自稱女漢子，但是有時又很敏感的是個女人。是啊！我都怪罪給雙子座，唯一不變的是我是林太、我愛做菜、我愛台南。

人生就是一鍋燉菜，從出生時就是一場人生的試煉，加入爆香辛香料，煸炙過的風味才會變成你的底蘊，加入你想要的人生，慢慢燉成一鍋美味；慢燉的過程中你可以選擇要怎樣的主角，要肉類的濃郁、要蔬菜的清淡，任君挑選，如同我們的人生就是一場選擇，你可以選擇多變豐富的人生，也可以選擇平穩安全的人生。

　　我愛燉菜，有趣的像人生一樣，給了怎樣的食材與調味，加上時間的等待，會很誠實地回饋味道給你，這不就是人生嗎！而且一鍋到底讓我這個懶人得到救贖。

　　廚房是我的王國，鍋碗瓢盆是我的將士兵卒，食材是我的武器，我用食物統領屬於我的美食世界，在這裡我得到了真正快樂，我想那真的就是愛吧！歡迎大家再一次進入我的美食王國。

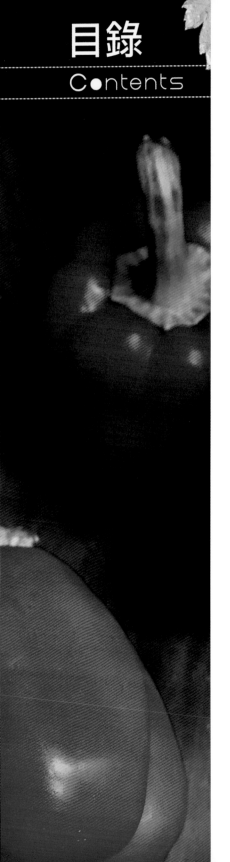

目錄
Contents

Chapter 3

豬肉料理

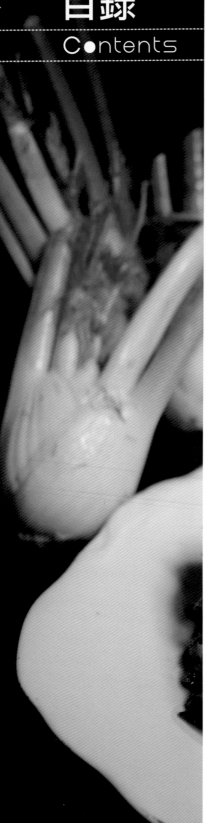

目録
Contents

Chapter 5

海鮮料理

Chapter 6

蔬菜料理

Chapter

1

前置準備

陪你一鍋到底的鍋具選擇

本食譜中提及的各式燉煮料理,都能利用以下鍋具完成。

1 鑄鐵鍋

近幾年來很流行的鑄鐵鍋,導熱性佳,可輕易完成一鍋到底的烹飪,也可整鍋放入烤箱,缺點是重量很重,拿取時需注意。

2 琺瑯鑄鐵鍋

可直接爐上加熱,重量也較輕,也可直接入烤箱。但需注意避免使用金屬器皿於內拌炒,以免刮傷塗層。(鑄鐵鍋也是)

3 鐵鍋

和鑄鐵鍋類似,但少了塗層,優點是可使用金屬器皿拌炒,缺點是洗完需烘乾,如不常用建議上油保養,才能避免生鏽。

4 砂鍋／陶鍋

常見的傳統鍋具,兼具保溫及可入烤箱的特色,也不怕生鏽和刮傷,但導熱速度較慢,一開始需較長時間來加熱鍋子到需要的溫度。

5 壓力鍋

利用液體在較高氣壓下沸點提升的物理原理,來加快燉煮食物的效率。是最省時快速,省能源的燉煮方式。

6 深不沾鍋

現在有許多不沾塗層的鍋,只要確認耐熱夠,能進烤箱,皆可使用。

7 銅鍋

導熱最佳,但要保養,且要依照鍋子材質挑選烹煮的食材,比方酸性食物。

一鍋到底的燉菜料理,以上這些鍋具都可以利用。需要注意的是,如果想進烤箱,上蓋為玻璃或其他無法進烤箱的材質也沒關係,可用鋁箔紙代替上蓋,只要達到整鍋蓋起來的目的即可。

本書常用香料

以下列舉出在燉煮時常會使用到的香料，新鮮香草除了可在百貨超市買到，也可以去花市購買，或是以乾燥香料粉取代。

番茄糊

番茄糊不是番茄泥也不是番茄醬，是番茄去皮去籽之後炒過，再用調理機打成泥，並用少量鹽調味，在一般賣場都能買到罐裝或瓶裝的番茄糊。番茄醬的味道較重，如果想用番茄醬取代，請自行斟酌其他調味料的增減。

去皮番茄丁

可以自己將番茄去皮之後切成丁，或是買罐裝去皮番茄罐頭。和番茄糊差別在並沒有經過加熱的手續，所以較稀、能提供湯汁，目前市面上有分大顆和小顆番茄去皮的罐頭，風味不同，都可以使用在本書出現去皮番茄丁的部分。

酸豆

酸豆其實不是豆，是刺山柑的花苞，用醋和鹽進行醃漬，在南歐料理中極為常見。最常見的吃法是搭配煙燻鮭魚，但是用在歐陸料理中能提供酸味的來源。

羅勒

九層塔是羅勒的一種，但是義大利青醬中所使用的羅勒是
甜羅勒，常常用來取代甜羅勒的則是九層塔。九層塔雖然
和羅勒味道相近，但是九層塔氣味較為濃烈，且口感稍
澀，兩者還是有些許差異。本書中所寫的羅勒為甜羅勒，
若用九層塔取代，請斟酌使用份量。

迷迭香

迷迭香具有強烈的草味和樟腦味，香氣濃郁，常用於烤
羊排、燉肉等。使用新鮮的或是乾燥的迷迭香都可以，
只是乾燥過後的迷迭香香氣較濃，份量需減量使用。

百里香

百里香味道溫和，草香味濃，適合搭配所有肉類，常常
與香菜、西洋芹一起綁成香草束來燉煮高湯。新鮮或乾
燥的百里香都可以用作烹調，在超市香料區都買得到。

鼠尾草

對於豬、牛烹調時的去腥和解膩都很有幫助，香味較為
低調，但是能增加料理的厚度。鼠尾草的品種很多，香
味也差異很大，建議可以使用原生種或是巴格旦、黃金
以及三色鼠尾草。

小茴香籽

本書中所提到的小茴香籽又稱為甜茴香，是很常見的一種香料，通常使用乾燥的，在超市能輕易買到。有分原粒或是粉狀，皆可使用。

月桂葉

燉煮料理必備的香料之一，從歐式料理到印度、泰式，通通都會用上它。目前市面上能買到新鮮的或乾燥的，新鮮的帶有甘草甜甜的香氣，乾燥的易於保存且香味濃烈，本書中食譜所使用的皆為乾燥月桂葉。

歐芹

又名義大利香芹、荷蘭芹、巴西利、洋香菜。比較常見是拿來擺盤裝飾用，通常是上桌前切碎撒上，增加美觀又多一種香味，但是不建議使用乾燥的歐芹，幾乎沒有香味，無法達到效果。

辣椒粉

指由辣椒乾研磨成粉，有分粗辣椒粉和細辣椒粉，種類繁多，一般常見的有卡宴辣椒粉、韓式辣椒粉、安可辣椒粉等，主要用途為提供辣味，可使用自己喜歡的辣度辣椒粉即可。

紅椒粉

和辣椒粉長得很像，但是卻完全不同，是由味道溫和的甜椒所磨成，一般會先將紅椒煙燻風乾後製成，所以能提供椒類的甜味以及煙燻風味。

牛高湯

材料

牛骨	1.5 公斤	薑	3 片
橄欖油	1 大匙	牛蕃茄	1 顆
洋蔥	1 個	月桂葉	3 片
紅蘿蔔	1 根	黑胡椒粒	1/2 茶匙
西洋芹	2 支	肉豆蔻粉	1/4 茶匙
蒜頭	2 瓣	水	4000 毫升

作法

1. 洋蔥、紅蘿蔔去皮隨意切大塊，西洋芹切大段，牛番茄洗淨切對半，薑去皮切片，蒜頭去皮，備用。
2. 烤箱預熱至200度，牛骨、洋蔥、紅蘿蔔及蒜放進烤盤中，淋上橄欖油，放進烤箱烤40分鐘，中途翻面，至牛骨表面變色。
3. 把烤好的牛骨及薑片放進大湯鍋。
4. 蔬菜先從烤盤取出備用。
5. 烤盤加入一杯熱水，把盤底的焦香精華，連同水一起倒入鍋中。
6. 湯鍋加水開大火加熱至滾，再轉文火蓋上鍋蓋，煮1.5小時。
7. 熬煮過程偶爾開蓋撈除浮沫和雜質。
8. 1.5小時後，加回所有的蔬菜、月桂葉、黑胡椒粒、肉豆蔻粉，再小火續煮1小時。
9. 熄火靜置10分鐘後，湯用篩過濾雜質，即可。

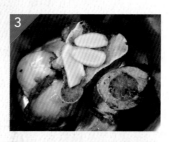

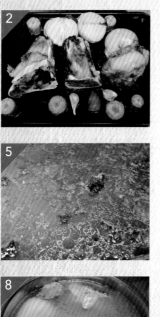

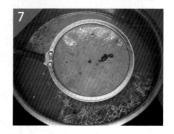

豬高湯

材料

豬大骨	1 公斤	月桂葉	2 片
洋蔥	1 個	黑胡椒粒	1/4 茶匙
西洋芹	2 支	不甜白酒	200 毫升
紅蘿蔔	1 根	水	4000 毫升

作法

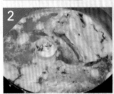

1. 洋蔥去皮對切，西洋芹切段，紅蘿蔔去皮切大塊，備用。
2. 豬大骨川燙後洗淨備用。
3. 取一大湯鍋，放入豬大骨、洋蔥、西洋芹、紅蘿蔔、月桂葉、不甜白酒、水。
4. 開大火煮滾後轉文火，蓋上鍋蓋煮1小時，關火後靜置10分鐘，取出所有湯料即可。

雞高湯

材料

雞骨架	4 副	月桂葉	2 片
雞翅	4 隻	黑胡椒粒	1/4 茶匙
洋蔥	1 個	不甜白酒	3 大匙
紅蘿蔔	1 根	水	4000 毫升
西洋芹	2 支		

作法

1. 洋蔥去皮對切，紅蘿蔔去皮切大塊，西洋芹洗淨切大塊，備用。
2. 雞骨架、雞翅川燙後洗淨備用。
3. 取一湯鍋放入雞骨架、雞翅、洋蔥、紅蘿蔔、西洋芹、月桂葉、黑胡椒粒、不甜白酒、水。
4. 轉大火煮滾後，蓋鍋蓋轉文火，煮40分鐘，關火靜置10分鐘，取出所有湯料即可。

Chapter

2

牛肉料理

匈牙利燉牛肉

材料

橄欖油…………… 1 大匙	洋蔥……………… 1 個	番茄丁罐頭……… 400 克
牛肋條………… 500 克	蒜頭……………… 2 瓣	牛肉高湯……… 300 毫升
通用麵粉……… 1 大匙	番茄糊…………… 1 大匙	紅甜椒……………… 1 個
鹽……………… 1/4 茶匙	紅椒粉…………… 1 大匙	蜂蜜…………… 1/2 大匙
黑胡椒粉……… 1/4 茶匙	煙燻辣椒粉…… 1/2 大匙	無糖優格……… 100 毫升

作法

1. 牛肋條切成約5公分長小段，洋蔥去皮切約3公分小塊，蒜頭去皮切碎，紅甜椒去籽切細條，備用。
2. 取一可連鍋蓋一起放入烤箱的鑄鐵鍋，放入橄欖油，大火待油熱轉中火，放入洋蔥、蒜頭拌炒至洋蔥軟化取出備用。
3. 放入牛肉煎至表面微焦後加入麵粉拌勻。
4. 放回洋蔥、蒜頭及除了無糖優格以外剩餘其他材料，攪拌均勻並煮沸。
5. 預熱烤箱至200度，蓋上鍋蓋放入烤箱烤40分鐘或是直接上爐微火一小時即可。
6. 要食用前放入無糖優格即可。

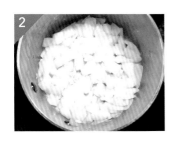

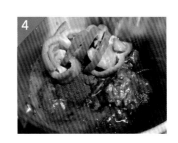

 林太小叮嚀

1. 除了牛肋條，如果有其他牛肉耐燉的部位都可以取代喔！
2. 若沒有蜂蜜，可用一般的糖代替。

經典紅酒燉牛肉

材料

橄欖油…………… 1 大匙	鹽…………… 1/2 茶匙	香草束…………… 1 束
培根…………… 80 克	現磨黑胡椒粉… 1/4 茶匙	（含 2 枝香菜，1 枝百里
牛腩…………500 克	通用麵粉………… 1 大匙	香，1 片月桂葉）
紅蘿蔔…………… 1 根	紅酒…………300 毫升	歐芹…………… 1 大匙
洋蔥…………… 1 個	牛高湯………200 毫升	月桂葉…………… 1 片
蘑菇…………200 克	番茄糊………… 1.5 大匙	奶油…………… 1 大匙
蒜頭…………… 3 瓣	百里香………… 1/2 茶匙	

作法

1. 牛腩切5公分小塊,培根切小丁,備用。
2. 紅蘿蔔削皮切2公分厚,洋蔥去皮切小丁,蘑菇切對半,備用。
3. 蒜頭去皮切碎,百里香、歐芹、月桂葉切碎,備用。
4. 把培根放入鑄鐵深鍋裡炒至微焦,取出備用。
5. 原鍋不洗,加入橄欖油、紅蘿蔔、洋蔥炒至洋蔥焦糖化後取出備用。
6. 原鍋不洗續放進奶油及蘑菇炒到蘑菇軟化後取出備用。
7. 原鍋不洗把牛腩放進去,煎到表面焦熟後,撒上麵粉攪拌均勻。
8. 把培根、蒜頭末、紅蘿蔔、洋蔥、蘑菇、香草束、黑胡椒粉、蕃茄糊、歐芹、月桂葉碎放回鍋裡。
9. 再把鹽、紅酒、牛高湯、百里香、放入鍋內。
10. 在爐子上加蓋文火燉煮1~1.5小時或預熱烤箱至180度後加蓋放入烤1小時至肉軟嫩即可。
11. 要食用前記得取出香草束。

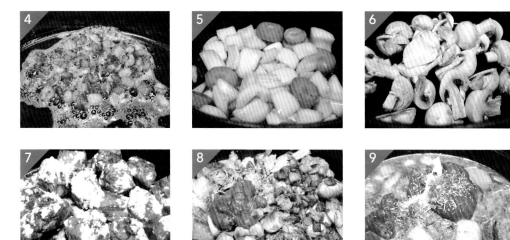

林太
小叮嚀

1. 如果培根出太多油,可取出鍋內多餘的油脂,鍋內只留約一大匙的油量即可。
2. 如果沒有新鮮的香草,全用乾燥的也可以。

愛爾蘭燉牛肉

材料

牛肋條…………… 500 克	洋蔥中型…………… 1 顆	百里香……………… 3 支
通用麵粉………… 3 大匙	蒜頭………………… 6 瓣	或乾燥百里香 1 茶匙
鹽………………… 3 茶匙	牛高湯…………800 毫升	愛爾蘭 GUINNESS 黑啤
橄欖油………… 50 毫升	李派林烏斯特醬… 1 大匙	酒………………… 400 毫升
奶油……………… 2 大匙	月桂葉……………… 2 片	黑胡椒粉……… 1/2 茶匙
馬鈴薯中型……… 2 顆	番茄糊…………… 2 大匙	新鮮歐芹………… 2 大匙
紅蘿蔔中型……… 2 根	糖………………… 1 大匙	裝飾用新鮮歐芹…… 適量

作法

1. 牛肋條切成3x3公分塊狀備用。
2. 馬鈴薯、紅蘿蔔、洋蔥去皮切成3x3小塊狀備用。
3. 蒜頭去皮切碎，歐芹切碎，備用。
4. 取一可放入烤箱的鑄鐵鍋，開中火放入奶油，奶油稍微融化後放入蒜末、馬鈴薯、紅蘿蔔、洋蔥。炒到洋蔥軟化，取出備用。
5. 原鍋不洗倒入橄欖油，下牛肋條肉煎到表面微焦黃，再加入麵粉拌勻。
6. 加入已炒過的蒜末、馬鈴薯、紅蘿蔔、洋蔥。
7. 把剩餘材料加入鍋內，大火煮至滾。
8. 烤箱預熱至180度，整鍋加蓋放入烤1小時。
9. 取出後撈掉上層多餘的油脂，食用前再撒上新鮮歐芹裝飾即可。

燉牛肉麵疙瘩

材料

A. 燉牛肉

牛肋條…………600 克	番茄糊…………1 大匙	新鮮百里香………5 枝
洋蔥……………1 顆	蒜頭……………4 瓣	或乾燥百里香……1 茶匙
橄欖油…………1 大匙	新鮮迷迭香………2 枝	月桂葉…………2 片
番茄丁罐頭………400 克	或乾燥迷迭香……1 茶匙	鹽……………1/2 茶匙

糖⋯⋯⋯⋯⋯ 2 茶匙		紅酒⋯⋯⋯⋯⋯ 250 毫升	
黑胡椒粉⋯⋯⋯ 1/4 茶匙		牛高湯⋯⋯⋯⋯ 500 毫升	

B. 麵疙瘩

馬鈴薯⋯⋯⋯⋯ 1 公斤		高筋麵粉⋯⋯⋯⋯ 300 克	
帕瑪森起司⋯⋯⋯ 75 克		鹽巴⋯⋯⋯⋯⋯⋯ 1 茶匙	
蛋黃⋯⋯⋯⋯⋯ 2 個			

作法

製作燉牛肉

1. 牛肋條切成約5公分小段，洋蔥去皮切成約1公分長小丁，蒜頭去皮，備用。
2. 取一深型鑄鐵鍋倒入橄欖油，將洋蔥、蒜頭下鍋炒到洋蔥軟化後取出備用。
3. 原鍋不洗，放入牛肋條煎至表面變色略有焦痕。
4. 放回炒過的洋蔥、蒜頭，續放入番茄丁、番茄糊、迷迭香、百里香、月桂葉、糖、鹽和黑胡椒粉，最後倒入紅酒和牛高湯，稍微攪拌均勻。
5. 烤箱預熱至180度，將鑄鐵鍋加蓋放入烤箱以180度烤1小時，或是上爐以文火加蓋燉煮1小時亦可。

製作麵疙瘩

6. 另起一鍋熱水，將馬鈴薯連皮放入水裡煮熟，撈出瀝乾，等降溫後把馬鈴薯皮剝掉，放進大碗裡用搗碎器搗碎成泥。

7. 把帕瑪森起司及蛋黃加入馬鈴薯泥裡並攪拌均勻。

8. 把麵粉分成三次加入作法7，每次皆用叉子慢慢攪拌均勻後再加入下一份麵粉。盡量不要過度用力，否則口感會太有韌性。

9. 把作法8的麵團滾成長條狀，切成每塊約2公分的長度，用叉子在個別表面壓痕，讓麵疙瘩表面可以吸附更多醬汁。

10. 另起一鍋熱水加入鹽，把切好的麵疙瘩放進煮滾的鹽水裡，等麵疙瘩浮出水面約2～3分鐘，即可撈出備用。

11. 取出作法5在烤箱裡的燉牛肉，接著把煮好的麵疙瘩放進燉牛肉裡即完成。

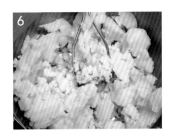  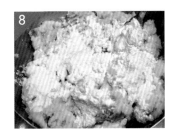

 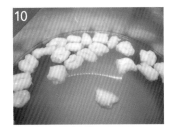

林太
小叮嚀

1. 想要知道馬鈴薯是否煮熟，可用筷子插插看，若能輕鬆插入中心無阻礙感就是熟了喔。

2. 可利用悶燉牛肉的同時製作麵疙瘩以節省製作時間。

3. 將麵疙瘩放入燉牛肉時再試是否需要調整味道。

經典蔬菜燉牛肉

材料

牛肋條…………………500 克　黑胡椒粉………　1/4 茶匙　馬鈴薯…………………500 克

橄欖油………… 1/2 大匙　乾燥百里香…… 1/4 茶匙　蒜頭…………………… 1 瓣

鹽………………… 1/2 茶匙　紅蘿蔔…………………200 克　牛高湯…………200 毫升

作法

1. 牛肋條切成5公分小塊。
2. 紅蘿蔔削皮，馬鈴薯去皮，分別切成5公分塊狀，大蒜切碎，備用。
3. 牛肋條加入鹽、黑胡椒粉和百里香先調味。
4. 取一可以進烤箱的鑄鐵鍋，將橄欖油加入鍋，油熱之後放入調味好的牛肉，兩面煎至微焦。
5. 加入紅蘿蔔、馬鈴薯、大蒜末和牛高湯。
6. 烤箱預熱至160度，蓋上鍋蓋後放入烤箱，燉煮1小時，或爐上文火1小時即可。

蘑菇燉牛肉

材料

牛肋條⋯⋯⋯⋯500 克	蒜頭⋯⋯⋯⋯⋯⋯ 2 瓣	橄欖油⋯⋯⋯⋯ 1/2 大匙
洋蔥⋯⋯⋯⋯⋯ 1/2 顆	百里香⋯⋯⋯⋯⋯ 3 支	鹽巴⋯⋯⋯⋯⋯ 1/2 茶匙
蘑菇⋯⋯⋯⋯⋯200 克	麵粉⋯⋯⋯⋯ 1/2 大匙	黑胡椒粉⋯⋯⋯ 1/4 茶匙
月桂葉⋯⋯⋯⋯⋯ 1 片	白蘭地⋯⋯⋯100 毫升	牛高湯⋯⋯⋯⋯900 毫升

作法

1. 牛肋條切成3x3公分大小的塊狀備用。
2. 洋蔥去皮切小丁，大蒜去皮切碎，備用。
3. 取一可加蓋並放入烤箱的鑄鐵鍋，加入橄欖油加熱至油熱，放入牛肋肉塊煎至表面焦黃，取出備用。
4. 原鍋不洗放入洋蔥、蘑菇、月桂葉、大蒜、百里香，以小火炒至洋蔥變透明。
5. 續將牛肋條放回鍋內，放入1大匙的麵粉，攪拌均勻至無白粉狀。
6. 加入白蘭地續煮至鍋內酒精揮發（約5分鐘），再加入牛高湯、鹽巴及黑胡椒。
7. 烤箱預熱至160度，蓋上鍋蓋放入烤箱燉煮約1小時至肉軟嫩即可。

林太
小叮嚀

1. 蘑菇不要洗，用軟毛刷刷掉外層的灰塵即可，不然蘑菇會吸入過多水分風味流失。
2. 使用白蘭地時，建議先將白蘭地自酒瓶中倒出至其他容器內，再倒入鍋中。因為白蘭地酒精濃度較高，這樣比較安全。

蘋果酒燉牛肉

材料

牛肋條⋯⋯⋯⋯⋯500 克	乾燥百里香⋯⋯ 1/4 茶匙	紅蘿蔔⋯⋯⋯⋯⋯⋯ 1 根
橄欖油⋯⋯⋯⋯ 1/2 大匙	蘋果酒⋯⋯⋯⋯400 毫升	洋蔥⋯⋯⋯⋯⋯⋯⋯ 1 顆
通用麵粉⋯⋯⋯⋯ 1 大匙	牛高湯⋯⋯⋯⋯200 毫升	馬鈴薯⋯⋯⋯⋯⋯⋯ 2 個
鹽⋯⋯⋯⋯⋯⋯ 1/2 茶匙	蘋果醋⋯⋯⋯⋯⋯ 1 大匙	西洋芹⋯⋯⋯⋯⋯⋯ 1 根
黑胡椒粉⋯⋯⋯ 1/4 茶匙	月桂葉⋯⋯⋯⋯⋯ 1 片	

作法

1. 牛肋條切成3公分塊狀備用。
2. 紅蘿蔔削皮切3公分塊狀,洋蔥、馬鈴薯去皮切3公分塊狀,西洋芹切小段,備用。
3. 取一有蓋並可放入烤箱的鑄鐵鍋,鍋內倒入橄欖油並加熱至油熱,放入切成塊狀的牛肋條,煎至表面變色略有焦痕。
4. 加入紅蘿蔔、洋蔥,炒至洋蔥軟化。
5. 加入麵粉攪拌均勻至無殘留白色粉狀。
6. 加入鹽巴、黑胡椒粉、乾燥百里香、蘋果酒、牛高湯、蘋果醋、月桂葉、馬鈴薯、西洋芹,預熱烤箱至160度,蓋上鍋蓋整鍋放入烤1小時,或上瓦斯爐蓋上蓋子燉煮1小時,最後以鹽調味即可。

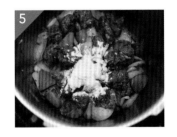

林太
小叮嚀
也可使用壓力鍋,上壓力後以小火煮5分鐘,洩壓後用鹽調味也可以喔。

南瓜燉牛肉

材料

牛肋條……………… 500 克	蒜頭………………… 1 瓣	鹽………………… 1/4 茶匙
通用麵粉………… 1 大匙	牛高湯………… 400 毫升	黑胡椒粉……… 1/4 茶匙
奶油……………… 1 大匙	南瓜……………… 200 克	新鮮百里香……… 2 支
洋蔥……………… 1 顆	小型馬鈴薯………… 2 顆	或乾燥百里香… 1/4 茶匙
紅蘿蔔…………… 1 根	李派林烏斯特醬 1/4 茶匙	

作法

1. 牛肋條切成3公分小塊，備用。
2. 紅蘿蔔、馬鈴薯、南瓜去皮切3公分小塊，洋蔥、大蒜去皮切碎，備用。
3. 取一有蓋並可放入烤箱的鑄鐵鍋，鍋內放入奶油加熱至奶油融化。
4. 放入切成塊狀的牛肋條，煎至表面變色。
5. 續加入紅蘿蔔、洋蔥、大蒜一起炒至洋蔥軟化。
6. 原鍋加入麵粉攪拌至均勻無殘留白粉狀。
7. 加入牛高湯、南瓜塊、馬鈴薯、李派林烏斯特醬、鹽巴、黑胡椒粉、百里香，預熱烤箱160度，蓋上蓋子放入烤箱燉煮1小時即可。

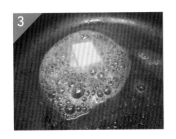

墨西哥燉牛肉

材料

墨西哥辣椒⋯⋯⋯ 300 克	蒜頭⋯⋯⋯⋯⋯⋯⋯ 3 瓣	啤酒⋯⋯⋯⋯⋯ 100 毫升
通用麵粉⋯⋯⋯⋯ 30 克	小茴香⋯⋯⋯⋯⋯ 1 茶匙	牛高湯⋯⋯⋯⋯ 200 毫升
牛肉⋯⋯⋯⋯⋯⋯ 500 克	香菜籽⋯⋯⋯⋯⋯ 1 茶匙	鹽⋯⋯⋯⋯⋯⋯⋯ 1 茶匙
橄欖油⋯⋯⋯⋯⋯ 1 大匙	乾燥奧立岡葉⋯⋯ 1 茶匙	黑胡椒粉⋯⋯⋯⋯ 1 茶匙
洋蔥⋯⋯⋯⋯⋯⋯ 1 顆	蕃茄糊⋯⋯⋯⋯⋯ 1 大匙	香菜切碎⋯⋯⋯⋯ 裝飾用

作法

1. 牛肉切成約5x5公分塊狀備用。
2. 洋蔥、大蒜去皮切碎，取一根墨西哥辣椒切碎，備用。
3. 剩餘墨西哥辣椒放在瓦斯爐架上，開文火把辣椒表皮烤黑。
4. 烤好的墨西哥辣椒放進塑膠袋裡，綁緊袋口悶10分鐘。
5. 把悶好的墨西哥辣椒取出，不要洗，直接剝去黑色外皮，
   不用去籽，切碎備用。

6. 取出一個攪拌碗，放入麵粉、1茶匙鹽巴、1茶匙黑胡椒粉，放入牛肉塊，攪拌均勻備用。

7. 取一可放入烤箱的鑄鐵鍋加入橄欖油，油熱後將牛肉表面煎至微焦取出備用。

8. 原鍋不洗，微火，直接放入洋蔥、大蒜、烤過切碎的墨西哥辣椒，炒到洋蔥焦糖化變成褐色。

9. 加入小茴香、香菜籽、乾燥奧立岡葉炒約2分鐘。

10. 續加入蕃茄糊和啤酒。

11. 把鍋底刮一下讓鍋底的殘留物翻動，不致於燒焦，加入煎好的牛肉塊、1支新鮮切碎的墨西哥辣椒、牛高湯，攪拌均勻。

12. 烤箱預熱至180度，蓋上鍋蓋放入烤箱烤燉1小時；或上爐以文火燉煮約1.5小時左右，至肉可以輕鬆分離即可。

13. 上桌前可撒上香菜末裝飾。

林太小叮嚀　悶好的墨西哥辣椒，可以用廚房紙巾擦拭方便快速去外皮。

燉義大利肉捲

材料

A. 醃肉料

麵包粉………… 70 毫升	Provolone 波芙隆起司	鹽……………… 1/2 茶匙
帕瑪森起司粉… 100 毫升	………………200 克	黑胡椒粉……… 1/2 茶匙
歐芹………… 1.5 大匙	烤松子……… 50 毫升	橄欖油………… 2 大匙

B. 其他材料

牛腹脇肉或瘦的牛肉…… ………………… 1 公斤	新鮮羅勒葉……… 2 大匙
	不甜白葡萄酒… 100 毫升
橄欖油………… 2 大匙	義大利番茄醬… 200 毫升
洋蔥………………… 1 顆	牛高湯………… 400 毫升
蒜頭………………… 3 瓣	棉繩…………… 60 公分
辣椒粉………… 1/2 茶匙	

作法：

1. 把牛肉切成大片肉片狀，並用肉鎚把肉鎚扁一點。
2. 洋蔥去皮切小丁，蒜頭、羅勒葉切碎備用。
3. 波芙隆起司切碎，取一個大碗將醃肉料全部倒入並混合均勻備用。
4. 取一個可以放入烤箱的鑄鐵鍋，開中火加入1大匙橄欖油及洋蔥丁，拌炒到洋蔥軟化。
   續加入蒜末、辣椒粉拌炒約10秒，加入鹽、黑胡椒調味後熄火，再拌入切碎的羅勒葉，
   備用。

5.把作法3跟4加在一起混合均勻。

6.把敲成薄片的牛肉片攤開在乾淨的桌上或鉆板上，把作法5均勻的平鋪在肉片上。

7.把鋪上內餡的牛肉捲起來，用棉繩綁緊。

8.原鍋不洗，加入1大匙橄欖油，開中火，把綁好的牛肉捲煎到表面略焦。

9.續倒入不甜白葡萄酒及義大利番茄醬，煮滾後，烤箱預熱至180度，整鍋加蓋放入燉烤2小時，或爐上以文火慢燉2.5小時即可。

甘藷燉牛肉

材料

牛肋條……………500 克	紅蘿蔔……………1/2 根	鹽………………1/2 茶匙
橄欖油……………1 大匙	紅甜椒……………1/2 個	黑胡椒粉…………1/4 茶匙
洋蔥………………1 顆	牛高湯…………300 毫升	紅椒粉……………1/4 茶匙
蒜頭………………3 瓣	不甜白葡萄酒…100 毫升	月桂葉……………1 片
通用麵粉…………2 大匙	牛番茄……………1 顆	歐芹………………2 支
地瓜……………300 克	蕃茄糊……………2 大匙	

作法

1. 牛肋條切成3公分塊狀，並用鹽和胡椒調味。
2. 地瓜去皮切成5x5公分塊狀，紅蘿蔔削皮切成薄片，紅甜椒去籽切小塊狀，牛番茄洗淨切丁，備用。
3. 洋蔥、蒜頭去皮切碎備用。
4. 取一可以放入烤箱的鑄鐵鍋，放入橄欖油加熱至油熱，放入牛肋條煎至表面有焦痕取出備用。
5. 原鍋不洗，放入洋蔥、蒜頭末炒至洋蔥變軟。
6. 放入煎好的牛肋條，並加入麵粉與肉混合均勻至無白粉狀。
7. 加入地瓜、紅甜椒、紅蘿蔔、牛高湯、不甜白葡萄酒、牛番茄、蕃茄糊、鹽、黑胡椒粉、紅椒粉、月桂葉。
8. 預熱烤箱至180度，蓋上鍋蓋整鍋放入燉烤約1小時或爐上文火約1小時。
9. 上桌前用切碎歐芹裝飾。

大麥冬蔬燉牛肉

材料

牛肋條…………… 500 克	洋蔥……………… 1 顆	去皮番茄罐頭… 400 毫升
黑胡椒粉……… 1/2 茶匙	蒜頭……………… 4 瓣	去殼大麥……… 1/2 杯
橄欖油…………… 2 大匙	不甜紅葡萄酒… 100 毫升	鹽……………… 1/2 茶匙
紅蘿蔔…………… 1 根	牛高湯………… 600 毫升	羅勒葉………… 10 葉

作法

1. 牛肋條切成3公分塊狀備用。
2. 紅蘿蔔削皮切成0.2公分薄片，洋蔥去皮切成小丁，大蒜去皮切碎，備用。
3. 取一個可以放入烤箱的鑄鐵鍋，放入橄欖油，加熱至油熱，把牛肋條放進去煎至表面有焦痕後取出備用。
4. 將紅蘿蔔、洋蔥、大蒜加入鍋中炒至洋蔥變軟。
5. 將酒倒入鍋中，用中火煮1分鐘，攪拌並刮鍋底，鬆開底部褐色精華部分。
6. 牛肉放回鍋中，將高湯、去皮蕃茄罐頭、去殼大麥、鹽、黑胡椒粉加入鍋內。
7. 烤箱預熱至180度，加蓋放入烤箱裡燉煮約1小時，或爐上以文火煮1小時，至肉跟大麥都軟化即可。
8. 上桌前放上羅勒葉裝飾即可。

林太
小叮嚀

如果使用鑄鐵鍋，用湯匙刮鍋底的時候，避免用金屬製的才不會傷到塗層喔。

辣椒燉牛肉

材料

牛肉·················500 克	辣椒·················2 支	牛高湯··········500 毫升
橄欖油············2 大匙	櫛瓜·················1 條	番茄丁罐頭·········1 罐
大型洋蔥···········1 顆	蕃茄糊············2 大匙	或新鮮小番茄·····400 克
蒜頭·················2 瓣	紅椒粉············1 大匙	月桂葉·············2 片

紅腰豆罐頭⋯⋯⋯⋯ 1 罐	肉桂粉⋯⋯⋯⋯ 1/2 茶匙	裝飾用羅勒葉⋯⋯⋯ 5 葉
（約 400 克）	鹽⋯⋯⋯⋯⋯⋯ 1/2 茶匙	
玉米粒罐頭⋯⋯⋯200 克	黑胡椒粉⋯⋯⋯⋯ 1/2 茶匙	

作法

1. 牛肉切成1x1公分小丁備用。
2. 櫛瓜切小丁，洋蔥、蒜頭、辣椒切碎，備用。
3. 取一個有深度及蓋子的鍋子，倒入橄欖油加熱至油熱後，加入洋蔥、大蒜用中火炒到洋蔥軟化。
4. 加入牛肉丁，炒至變色。
5. 加入辣椒、蕃茄糊、紅椒粉和肉桂粉拌勻。
6. 加入番茄丁、牛高湯及月桂葉，蓋上鍋蓋，爐上文火燉煮約半小時。
7. 將玉米、紅腰豆罐頭瀝乾水份備用。
8. 待肉醬煮熟時，開蓋加入櫛瓜丁、玉米、紅腰豆，略為攪拌一下並調味加入鹽、黑胡椒粉調味，關火蓋回鍋蓋悶約10分鐘即可。
9. 上桌前羅勒葉切絲撒上裝飾即可。

林太
小叮嚀

1. 櫛瓜丁易熟，玉米和紅腰豆已是熟食，所以用餘溫悶即可，不需要再開火煮。
2. 辣椒辣度可自行依照喜好增減。

洋蔥牛尾湯

材料

牛尾⋯⋯⋯⋯⋯500 克	橄欖油⋯⋯⋯⋯⋯ 3 大匙	通用麵粉⋯⋯⋯⋯100 克
洋蔥⋯⋯⋯⋯⋯⋯ 3 顆	牛高湯⋯⋯⋯ 1000 毫升	月桂葉⋯⋯⋯⋯⋯ 2 片
奶油⋯⋯⋯⋯⋯⋯ 10 克	水⋯⋯⋯⋯⋯ 1000 毫升	鹽⋯⋯⋯⋯⋯⋯⋯ 1 茶匙

作法

1. 牛尾兩面平均沾上麵粉，取一個平底鍋以少許油煎到表面成焦色取出備用。

2. 洋蔥切成細絲，取另一個可以放入烤箱的鑄鐵鍋，加入2大匙橄欖油及奶油，接著放入洋蔥。

3. 開中小火慢慢炒到洋蔥焦糖化，約需半小時左右，期間要不時的攪拌，防止洋蔥黏鍋底燒焦。

4. 洋蔥炒到焦糖化之後放入牛尾、月桂葉。

5. 把500毫升的水倒入煎牛尾的鍋子內煮滾，把鍋內精華溶於水中後倒入炒洋蔥的鑄鐵鍋裡。

6. 在鑄鐵鍋中放入牛高湯及剩下的水。

7. 烤箱預熱至180度，加蓋整鍋放入燉煮1小時，或爐上文火燉煮約1.5小時，燉到牛尾軟爛為止，最後以鹽巴調味即可。

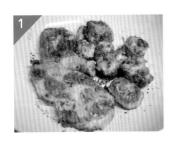

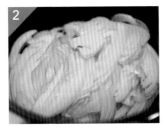

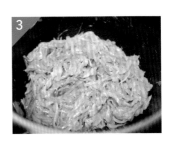

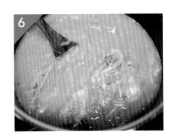

林太
小叮嚀

炒洋蔥急不得，大火易使洋蔥燒焦，務必耐心慢炒，這是此鍋風味的來源。

瑪薩拉燉牛肉

材料

牛腩 ⋯⋯⋯⋯⋯⋯ 1 公斤	番茄 ⋯⋯⋯⋯⋯⋯ 1 顆	薑黃粉 ⋯⋯⋯⋯⋯ 1 茶匙
橄欖油 ⋯⋯⋯⋯⋯ 1 大匙	香菜 ⋯⋯⋯⋯⋯⋯ 1 束	瑪薩拉粉 ⋯⋯⋯⋯ 1 大匙
大顆洋蔥 ⋯⋯⋯⋯ 1 顆	鹽 ⋯⋯⋯⋯⋯⋯⋯ 1 茶匙	小茴香 ⋯⋯⋯⋯ 1/2 茶匙
蒜頭 ⋯⋯⋯⋯⋯⋯ 3 瓣	黑胡椒粉 ⋯⋯⋯⋯ 1 茶匙	芫荽粉 ⋯⋯⋯⋯ 1/2 茶匙

辣椒粉…………	1/2 茶匙	糖………………	1 茶匙
煙燻辣椒粉……	1/2 茶匙	牛高湯…………	200 毫升

作法

1. 牛腩切成3x3公分塊狀備用。
2. 洋蔥去皮切小丁，蒜頭去皮切碎，番茄洗淨切小丁，香菜洗淨切碎，備用。
3. 取一個鑄鐵鍋，加入1大匙橄欖油，把切好的牛腩放進去炒到表面略焦後取出備用。
4. 原鍋不洗，加入洋蔥丁、蒜頭碎炒到洋蔥軟化。
5. 加入番茄丁拌炒約一分鐘。
6. 加入牛肉及其他香料食材，拌勻。
7. 加入高湯，烤箱預熱至180度，整鍋加蓋放入燉烤1個小時，或爐上文火燉煮1小時即可。

林太
小叮嚀

瑪薩拉粉是印度的綜合香料粉，在超市粉狀調味料區通常可以找到。

佛羅倫斯燉牛肚

材料

牛肚⋯⋯⋯⋯⋯ 1 公斤	紅蘿蔔⋯⋯⋯⋯⋯ 1 根	羅勒葉⋯⋯⋯⋯⋯ 2 片
橄欖油⋯⋯⋯⋯ 2 大匙	洋蔥⋯⋯⋯⋯⋯⋯ 1 顆	或乾燥羅勒葉⋯ 1/2 茶匙
奶油⋯⋯⋯⋯⋯ 30 克	蒜頭⋯⋯⋯⋯⋯⋯ 2 瓣	歐芹⋯⋯⋯⋯⋯⋯ 2 支
西洋芹⋯⋯⋯⋯⋯ 1 支	月桂葉⋯⋯⋯⋯⋯ 2 片	番茄⋯⋯⋯⋯⋯ 400 克

不甜白葡萄酒⋯200 毫升	鹽、黑胡椒粉⋯⋯⋯ 適量
牛高湯⋯⋯⋯ 1000 毫升	帕瑪森起司⋯⋯⋯ 80 克

作法

1. 取一鍋熱水，用刀在番茄屁股畫上淺淺十字，水滾後放入煮約1分鐘 至果皮微微皺，取出後泡冰水剝掉番茄皮，接著將番茄切丁備用。

2. 把牛肚切成適口的條狀後，放入煮滾熱水中川燙後撈起備用。

3. 西洋芹洗淨切1公分小段，紅蘿蔔削皮後切1公分小塊，洋蔥去皮切1 公分小丁，蒜頭去皮不切，備用。

4. 取一個鑄鐵鍋，加入橄欖油、奶油，並把切好的西洋芹、紅蘿蔔、洋蔥、 蒜頭加入，拌炒到洋蔥軟化。

5. 加入月桂葉、羅勒葉、歐芹、去皮番茄丁繼續拌炒均勻。

6. 加入燙過的牛肚拌炒一下。

7. 加入不甜白葡萄酒、牛高湯，煮至滾後試味道再以鹽及黑胡椒調味。

8. 烤箱預熱至180度，整鍋加蓋放入烤箱燉烤1小時，或加蓋上爐以文火 燉煮1小時至牛肚軟嫩。

9. 上桌前撒上磨碎的帕瑪森起司即可。

奶油蘑菇燉牛肉

材料

牛肋條⋯⋯⋯⋯500 克	乾蒔蘿粉⋯⋯⋯ 1/2 茶匙	洋蔥粉⋯⋯⋯⋯ 1/4 茶匙
橄欖油⋯⋯⋯ 1/2 大匙	或新鮮蒔蘿都可	蘑菇⋯⋯⋯⋯⋯⋯200 克
無鹽奶油⋯⋯ 1/2 大匙	黑胡椒粉⋯⋯⋯ 1/4 茶匙	牛高湯⋯⋯⋯⋯200 毫升
鹽⋯⋯⋯⋯⋯ 1/4 茶匙	大蒜粉⋯⋯⋯⋯ 1/4 茶匙	李派林烏斯特醬⋯ 1 大匙

第戎芥末醬········· 1 茶匙　　無糖優格········· 70 毫升

通用麵粉··········· 2 大匙

作法

1.牛肋條切成5公分長塊狀，蘑菇切0.5公分厚片，備用。

2.取一個鑄鐵鍋，倒入橄欖油、奶油，熱鍋至奶油溶化後下
　牛肋條拌炒至肉變色。

3.加入鹽巴、乾時蘿粉、黑胡椒粉、大蒜粉、洋蔥粉，拌炒均勻。

4.加入蘑菇繼續拌炒均勻。

5.倒入高湯、李派林烏斯特醬、第戎芥末醬且拌勻後，待煮滾轉文火蓋
　上鍋蓋燉煮40分鐘。

6.將通用麵粉加入作法5，攪拌均勻至看不見粉。

7.再加入無糖優格攪拌均勻，加蓋文火續燉10分鐘即可。

林太
小叮嚀

1.蘑菇不要洗，用軟毛刷刷掉外層的灰塵即可，不然蘑菇會吸入過多水分流失風味。

2.無糖優格不要用脫脂的，不然會凝結。

米蘭燉牛膝

材料

A. 燉牛膝

牛膝⋯⋯⋯⋯⋯ 1.5 公斤	蕎麥麵粉⋯⋯⋯⋯ 20 克
奶油⋯⋯⋯⋯⋯ 80 克	牛高湯⋯⋯⋯⋯500 毫升
橄欖油⋯⋯⋯⋯ 2 大匙	新鮮迷迭香⋯⋯⋯ 2 支
洋蔥⋯⋯⋯⋯⋯ 1 個	或乾燥迷迭香⋯ 1/2 茶匙
不甜白葡萄酒⋯200 毫升	黑胡椒粉⋯⋯⋯ 1/4 茶匙

B.Gremolada 調味料

蒜頭⋯⋯⋯⋯⋯⋯ 4 瓣
歐芹⋯⋯⋯⋯⋯ 10 公克
檸檬⋯⋯⋯⋯⋯⋯ 1 個

作法

1. 洋蔥去皮切小丁備用。
2. 把牛膝周邊切開幾刀，以免燉煮的時候肉塊捲起。
3. 取一有高度的煎鍋，加入1大匙橄欖油，鍋熱後將牛膝放入
   煎到兩面上色後取出備用。
4. 鍋中再倒入另外1匙橄欖油，加入洋蔥丁以小火拌炒至呈現金黃色。

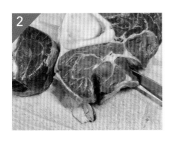
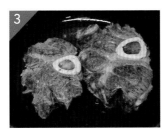
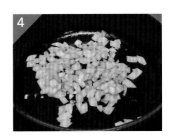

5.倒入不甜白葡萄酒煮到酒氣完全揮發，約1分鐘。

6.將牛膝放回鍋中，再加入高湯讓牛膝半浸於湯中，再加入迷迭香和黑胡椒。大火煮滾後蓋上鍋蓋轉文火燉煮約1小時，煮到一半時將牛膝翻面。

7.取另一炒鍋開文火，將蕎麥麵粉放入乾炒約 30 秒，注意不要炒焦。

8.把炒好的蕎麥麵粉，在牛膝燉煮到一半時加入湯汁中拌勻。

9.取出燉好的小牛膝。鍋中肉汁過濾雜質後，回鍋內再煮至收汁呈濃稠狀，並加入奶油讓它變得更濃。

10.上桌前切碎歐芹、磨碎檸檬皮和蒜瓣，撒在燉好的牛膝上，然後淋上肉汁即可。

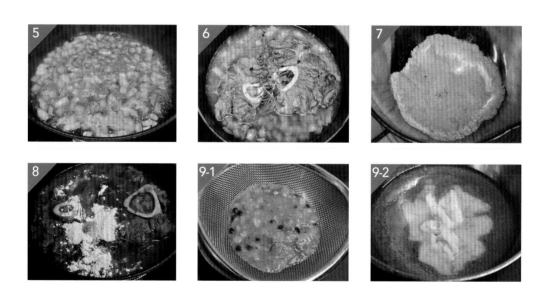

林太小叮嚀 燉煮牛膝時，可檢查牛膝軟嫩程度，如有需要可再加入少量高湯續煮。

麵包師傅燉肉

材料

A. 燉肉

豬里肌肉	500 克	馬鈴薯	500 克	麗絲玲白葡萄酒	1 瓶
羊肩肉	500 克	紅蘿蔔	1 根	綜合香草	1 束
牛肉	500 克	大顆洋蔥	2 顆	(歐芹、百里香、月桂葉)	
橄欖油	1 大匙	蒜頭	2 瓣	或乾燥香草粉各 1/2 茶匙	

| 杜松子…………… 1 茶匙 | 黑胡椒粉……… 1/2 茶匙 |
| 鹽………………… 1 茶匙 | |

B. 麵皮

| 中筋麵粉………… 400 克 | 水……………… 150 毫升 |

作法：

1. 將所有肉類切成約3x3公分的立方體，放入保鮮盒裡。
2. 把香草束、杜松子、麗絲玲白葡萄酒、鹽巴、黑胡椒粉加入裝肉的保鮮盒裡，搖一搖保鮮盒幫助醬料攪拌均勻，放入冰箱冷藏醃製24小時。
3. 馬鈴薯、紅蘿蔔去皮切片，洋蔥去皮切絲，備用。

4. 拿出一鑄鐵鍋或陶鍋，底層抹上橄欖油，從底層開始一層馬鈴薯片、一層洋蔥、一層紅蘿蔔、一層肉類，最上層為馬鈴薯片，排好後把醃肉的湯汁及香料全部倒入鍋內。

5. 麵粉和水揉成麵糰，把麵糰滾成長條狀，沿著鍋緣擺上去，接著蓋上蓋子，麵糰會幫助鍋蓋密封。

6. 烤箱預熱至180度，整鍋放入烤箱烤1.5小時即可。

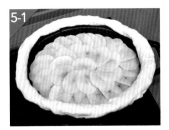

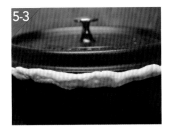

林太
小叮嚀

1. 沒有杜松子也沒有關係。
2. 麵粉和水的比例，請依照買的麵粉種類斟酌水量，以麵糰不黏手為原則。

絕美翡冷翠Firenz
佛羅倫斯燉牛肚

林太：老公你覺得我這樣不做功課的自由行會不會太任性啊！

省話一哥：不會，隨遇而安

林太：可是像這樣德國跳到瑞士再跳到義大利又跳到英國再跳回德國，
　　　我覺得有點瘋狂耶！

省話一哥：喔！（省話一哥的標準台詞）

　　不做功課的懲罰就是在 12 月底某天的早上六點，在零下三度的佛羅倫斯聖母百花大教堂廣場前，冰凍的世界裡時間過得很漫長，才來到早上八點，眼看著這城市的垃圾車已經把全世界的垃圾都載走了，我們也快等成了兩支人形冰棒，只差沒有互呼巴掌叫彼此不能睡的程度，我們臨時訂行程要去葡萄酒莊一日遊，卻因司機車禍被取消，老公說要回去補眠，我捨不得睡覺，想利用這多出來的一天好好看看美麗的佛羅倫斯。

　　於是一個人再四處晃晃之前匆忙走過的地方，早起真好，可以體驗一個城市慢慢甦醒的感覺，經過了共和廣場往領主廣場走去，走到了早晨佈滿迷霧的老橋，一個人享受《香水》這部電影的情景，接著到烏菲茲美術館外圍繞繞，再去摸摸金豬才心甘情願回到民宿。

　　回到民宿已接近中午時分，叫醒老公，再陪我去中央市場排隊吃牛肚包啊！那是我們到佛羅倫斯最愛的食物，每天都會去吃，燉得軟爛的牛肚，不論是夾進麵包裡，或者是直接呈盤麵包沾著醬汁吃都好美味，切得大小適中的牛肚，混著番茄、西洋芹菜、洋蔥、紅蘿蔔去燉煮，燉好再撒上大量的帕瑪森起司，雖然簡單卻因為燉煮而讓它風味萬千且美味，我們很貪心的又點了燉牛肉、燉飯及義大利麵，但牛肚包還是我們心中的第一名！

　　吃完心滿意足，下午搭公車上山去米開朗基羅廣場，順便等待黃昏的佛羅倫

斯，在公車上慢慢遊覽那些我們沒有走到的角落，是我最喜歡的城市導覽方式，很適合自助旅行的旅人們。在山上望向遠方，聖母百花大教堂的屋頂是最明顯的地標，左邊與它齊高的高塔是領主廣場的市政廳，右手邊的尖塔是聖十字聖殿，把米開朗基羅廣場跟舊城區隔開是阿諾河，夜晚橋上的燈光像是掛在脖子上的珍珠項鍊一樣，優雅點綴著夜晚城市的容貌，米開朗基羅廣場適合三兩好友聊天看夜景，適合情侶約會談心，氣氛正好，我跟老公也手牽手慢慢走下山。

　　佛羅倫斯絕對適合多來幾次，正如中央市場的牛肚包，吃幾次也不會膩。

Chapter

3

猪肉料理

燉高麗菜千層

材料

圓形鍋……………… 一個	帕瑪森起士粉…… 30 克	或乾燥歐芹粉 1/4 小匙
高麗菜……………… 1 顆	義式番茄醬……… 1/2 杯	鹽……………… 1/2 小匙
細豬絞肉………600 克	雞蛋……………… 1 顆	黑胡椒粉…… 1/2 小匙
洋蔥……………… 1 個	橄欖油……………… 1 大匙	豬高湯……… 50 毫升
紅辣椒……………… 1 根	新鮮羅勒………… 1 小束	裝飾用帕馬森起士粉 適量
紅蘿蔔…………… 1/2 根	或乾燥羅勒粉… 1/4 小匙	
蒜頭……………… 4 瓣	新鮮歐芹………… 1 小束	

作法

1. 洋蔥、紅蘿蔔去皮切成1公分小丁,紅辣椒、大蒜切碎,備用。
2. 高麗菜拿掉最外層有破損的葉子,小心把葉子跟菜心分開,一葉一葉取下後小心清洗,然後在滾水中煮5分鐘,瀝乾水分拍乾備用。
3. 取出炒鍋放入橄欖油,用中火將洋蔥末、紅蘿蔔末、大蒜末和紅辣椒末炒至洋蔥變軟。
4. 接著放入絞肉、鹽和黑胡椒粉一起拌炒到肉熟,並收汁。
5. 取一個深的鑄鐵鍋或砂鍋,鍋子底部和側面塗上橄欖油,然後把最大最漂亮的葉子從底部排進去,要能環繞蓋住鍋緣四周。

6. 炒好的內餡冷卻後加入帕瑪森起司粉、義式番茄醬、羅勒、歐芹以及一顆雞蛋拌勻。

7. 把作法6平均的鋪在鋪滿高麗菜葉的鍋子內，薄薄一層約1公分，然後一層高麗菜葉一層內餡，一直堆疊到餡料用完為止。

8. 最後頂部要放上高麗菜葉，把最底層露出在鍋緣的高麗菜葉往鍋內中心摺進去。

9. 把高湯倒進去鍋內，預熱烤箱至180度，整鍋加蓋放進烤箱燉烤30分鐘。

10. 取出後靜置10分鐘，拿一個比鍋子大的平盤，把高麗菜蛋糕翻轉倒扣在盤子上，拿起鍋子，最後均勻撒上裝飾用帕瑪森起司粉即可。

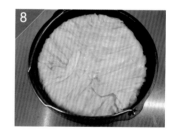

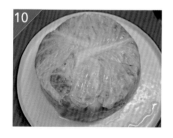

林太
小叮嚀

夾層內的高麗菜葉，可以修剪掉較粗葉梗的部分，切開食用時口感會比較一致。

拉格啤酒燉煙燻豬肉腸

材料

橄欖油…………… 1 大匙	香芹籽粉……… 1/4 茶匙	雞高湯………… 300 毫升
煙燻豬肉香腸…… 400 克	鹽……………… 1/2 茶匙	蘋果醋………… 1.5 大匙
大顆洋蔥………… 1 顆	蒜頭……………… 2 瓣	歐芹……………… 1 大匙
大白菜………… 1/4 顆	拉格 Lager 啤酒 200 毫升	
黑胡椒粉……… 1/4 茶匙	小型馬鈴薯………… 2 顆	

作法

1. 煙燻豬肉香腸切成一口大小備用。
2. 洋蔥去皮、大白菜洗淨都切成薄片，馬鈴薯去皮切成小丁，蒜頭、歐芹切碎，備用。
3. 取一個深鑄鐵鍋開中火，加入橄欖油，放入煙燻豬肉香腸，煎到香腸變褐色不焦的狀態，取出備用。
4. 加入洋蔥，炒到洋蔥變軟並焦糖化呈現淡淡褐色。
5. 續加入切成薄片的大白菜，攪拌混合，炒到大白菜變軟。

6.加入蒜末、黑胡椒粉、香菜籽粉和少量鹽，攪拌均勻。

7.加入啤酒，攪拌混合，讓啤酒在鍋內煮約3分鐘至酒精揮發。

8.加入香腸、切成丁的馬鈴薯和雞高湯，攪拌然後煮沸，煮沸後，轉文
火蓋上蓋子煮約15分鐘。

9.熄火後加入蘋果醋和切碎的歐芹，攪拌並調整口味，即可。

林太
小叮嚀

煙燻豬肉腸在賣場很容易買得到，如果沒有拉
格啤酒，一般的啤酒也可以，但是不要用到黑
啤酒。

巴西黑豆燉肉

材料

肋排…………500 克	煙燻香腸…………1 條	黑胡椒粉………1/2 茶匙
黑豆罐頭………400 克	大顆洋蔥…………1 顆	月桂葉……………3 片
橄欖油…………1 大匙	蒜頭……………4 瓣	水……………1000 毫升
培根……………120 克	番茄丁罐頭………400 克	
墨西哥香腸………2 條	鹽……………1/2 茶匙	

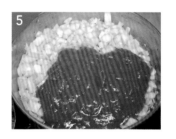

作法

1. 肋排切成5x5公分大塊，培根去皮切成1x1公分小丁，墨西哥香腸和煙燻香腸分別切成0.5公分寬薄片，備用。
2. 洋蔥去皮切成1x1公分小丁，蒜頭切碎，備用。
3. 取一個深鑄鐵鍋，開中火放入橄欖油與培根，培根煎到微焦後取出備用。
4. 原鍋不洗，放入排骨和香腸並煎成褐色，取出備用。
5. 原鍋繼續炒洋蔥和大蒜，直到洋蔥變軟且呈現半透明後加入番茄丁罐頭，再續煮約3分鐘。
6. 把排骨、培根、香腸、鹽、黑胡椒粉、月桂葉一起放入鍋中，加入水，開大火煮沸後，轉文火蓋上鍋蓋煮40分鐘，或煮至排骨軟嫩為止。
7. 加入黑豆攪拌均勻，開中大火繼續煮10分鐘，讓湯汁收到你要的濃稠度即可。

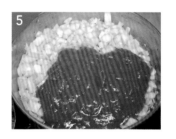
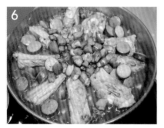

林太
小叮嚀

1. 如果要使用新鮮黑豆，請於前一晚先浸泡豆子，煮豆的時機點則與排骨同時下鍋，煮約1小時。
2. 煙燻香腸、墨西哥香腸在一般大賣場都買得到。

白酒時蔬迷迭香燉梅花豬

材料

梅花豬肉⋯⋯⋯⋯600 克	或乾燥迷迭香 1/2 茶匙	或小馬鈴薯 4 顆
橄欖油⋯⋯⋯⋯⋯ 1 大匙	棉繩⋯⋯⋯⋯⋯⋯ 一段	不甜白葡萄酒⋯ 200 毫升
鹽⋯⋯⋯⋯⋯⋯⋯ 1 茶匙	（至少 100 公分）	豬高湯或水⋯⋯ 500 毫升
黑胡椒粉⋯⋯⋯⋯ 1 茶匙	大顆洋蔥⋯⋯⋯⋯ 1 顆	月桂葉⋯⋯⋯⋯⋯ 2 片
義式綜合香料⋯ 1/2 茶匙	紅蘿蔔⋯⋯⋯⋯⋯ 1 根	肉豆蔻粉手捏⋯⋯⋯ 少許
新鮮迷迭香⋯⋯⋯ 2 支	大馬鈴薯⋯⋯⋯⋯ 2 顆	

作法

1. 洋蔥、紅蘿蔔、馬鈴薯各切成約5公分大塊，備用。
2. 把整塊梅花豬肉從中間切開，但不切斷展開成一大片。重複一樣動作再橫切一次但不切斷，展開成一大片豬肉片，但注意不要太薄。
3. 切好的豬肉片其中一面抹上橄欖油及鹽巴、黑胡椒粉、義式綜合香料，最後放上迷迭香。
4. 有醃料的那一面為內側，把肉片捲成一捲，用棉繩前後綁好綁緊，放入冰箱冷藏2小時以上至入味。
5. 取一深鑄鐵鍋，放入橄欖油，將豬肉捲煎至表面變色先取出。
6. 剛剛煎豬肉捲的鍋加入洋蔥、紅蘿蔔，小火炒至洋蔥軟化，再放回豬肉捲及加入馬鈴薯。
7. 作法6的鍋中倒入不甜白葡萄酒先煮1分鐘，再加入高湯、月桂葉以及肉豆蔻粉。
8. 開大火煮滾後蓋上鍋蓋轉文火慢燉，大約1.5小時，煮至豬肉熟透軟嫩即可。

林太
小叮嚀

1. 蔬菜種類可以依照自己的喜好，加入任何根莖類都可以，地瓜也很推薦。
2. 肉豆蔻若是整顆的，就用刨刀刨上5～6下即可。
3. 可保留些許湯汁，搭配麵包很美味喔。

蘋果酒燉豬肉

材料

梅花豬肉…………300 克	新鮮的鼠尾草葉… 1/4 杯	豬高湯…………100 毫升
鹽………………… 1/4 茶匙	或乾燥鼠尾草則 1/2 小匙	黑胡椒粉……… 1/4 茶匙
橄欖油…………… 1 大匙	蘋果酒…………100 毫升	鮮奶油………… 1/2 大匙
大顆洋蔥……… 1/4 顆	蘋果醋………… 1/4 大匙	卡宴辣椒粉…… 1/4 茶匙

作法

1. 梅花豬肉切成約10×5公分大塊備用。
2. 洋蔥去皮切成2×2公分小丁備用。
3. 取一深煎鍋或鑄鐵鍋，開中大火倒入橄欖油，下豬肉煎焦表面後取出備用。
4. 原鍋不洗放入洋蔥丁、鼠尾草葉，炒至洋蔥軟化。
5. 放回豬肉，倒入蘋果酒、蘋果醋、豬高湯、鹽、黑胡椒粉，加蓋以微火燉煮1小時。
6. 加入鮮奶油、卡宴辣椒粉攪拌均勻，大火煮滾後加蓋以微火續燉煮10分鐘至肉軟嫩即可。

黑啤酒燉豬腳

材料

豬腳⋯⋯⋯⋯⋯ 1 公斤	蒜頭⋯⋯⋯⋯⋯⋯ 2 瓣	豬高湯⋯⋯⋯⋯ 400 毫升
橄欖油⋯⋯⋯⋯⋯ 1 大匙	新鮮奧勒岡⋯⋯⋯ 1 茶匙	蛋黃醬⋯⋯⋯⋯⋯ 1 大匙
大顆洋蔥⋯⋯⋯ 1/2 個	迷迭香⋯⋯⋯⋯⋯ 1 茶匙	第戎芥末醬⋯⋯⋯ 1 茶匙
紅蘿蔔⋯⋯⋯⋯ 1/2 根	百里香⋯⋯⋯⋯⋯ 1 茶匙	鹽、黑胡椒粉⋯⋯⋯ 適量
蔥⋯⋯⋯⋯⋯⋯⋯ 1 支	小茴香⋯⋯⋯⋯ 1/2 大匙	
西洋芹⋯⋯⋯⋯⋯ 1 根	黑啤酒⋯⋯⋯⋯ 100 毫升	

作法

1.豬腳剁成大塊狀備用。
2.洋蔥、紅蘿蔔去皮切成2×2公分小丁,蔥、西洋芹洗淨切
　成小丁,蒜頭切成碎末,備用。
3.豬腳先用滾水川燙過,洗乾淨外表及血水。
4.取一深鑄鐵鍋,開中大火倒入橄欖油,放入洋蔥、紅蘿蔔、蔥、
　西洋芹、蒜末,炒至洋蔥軟化變透明。
5.放入已川燙過的豬腳、奧勒岡葉、迷迭香、百里香、小茴香拌炒均勻。
6.再倒入黑啤酒、高湯,大火煮滾後加蓋轉微火慢燉約2小時,直到豬腳
　軟嫩。
7.燉完後再用鹽及黑胡椒粉調味。
8.可將蛋黃醬和第戎芥末醬混合成芥末蛋黃醬,與豬腳一起食用。

林太
小叮嚀

若是沒有新鮮香草葉(奧勒岡葉、迷迭香、百里香),可用義式綜合香料1/4茶匙代替。

李派林烏斯特醬燉烤豬

材料

豬梅花肉⋯⋯⋯⋯600 克	新鮮迷迭香⋯⋯⋯⋯ 1 支	李派林烏斯特醬⋯ 2 大匙
馬鈴薯⋯⋯⋯⋯⋯ 2 顆	新鮮奧勒岡葉⋯⋯ 1 大匙	鹽⋯⋯⋯⋯⋯⋯ 1/2 茶匙
紅蘿蔔⋯⋯⋯⋯⋯ 1 根	（無新鮮香草則改用義大	蜂蜜⋯⋯⋯⋯⋯⋯ 1 大匙
洋蔥⋯⋯⋯⋯⋯⋯ 1 個	利綜合香料 1 茶匙）	淡味啤酒⋯⋯⋯300 毫升
蘑菇⋯⋯⋯⋯⋯⋯200 克	紅椒粉⋯⋯⋯⋯ 1/2 茶匙	
蒜頭⋯⋯⋯⋯⋯⋯ 5 瓣	橄欖油⋯⋯⋯⋯⋯ 2 大匙	

作法

1. 馬鈴薯、紅蘿蔔、洋蔥去皮切成5×5大塊狀，蒜頭去皮備用。

2. 豬梅花肉一大塊不切，用叉子稍微在肉表面戳洞。

3. 製作醃料；取一個碗把橄欖油、紅椒粉、鹽、蜂蜜、1大匙李派林烏斯特醬，混合均勻。

4. 把作法3的醃料均勻抹上豬梅花肉表面，放入冰箱冷藏入味至少1小時。

5. 從冰箱取出豬肉，取一有深度的鑄鐵鍋，開中大火，倒入少許橄欖油，煎到豬梅花肉表面微焦，取出備用。

6. 原鍋不洗，放入馬鈴薯、紅蘿蔔、洋蔥、蘑菇、蒜頭，炒到洋蔥軟化變透明。

7. 把煎好的肉放回鍋內，加入香草、1大匙李派林烏斯特醬、啤酒，大火滾後加蓋以微火慢燉1小時即可。

栗子蘑菇燉肉

材料

豬梅花肉…………600 克	蒜頭……………… 2 瓣	不甜白葡萄酒…100 毫升
橄欖油………… 1 大匙	去殼栗子………200 克	新鮮歐芹………… 1 大匙
洋蔥……………… 1 個	蘑菇……………100 克	鹽……………… 1/2 茶匙
紅蘿蔔…………… 1 根	豬高湯或水……600 毫升	

作法

1. 豬梅花切成5x5公分塊狀備用。

2. 洋蔥、紅蘿蔔去皮切成5x5公分大塊，蒜頭去皮不切，備用。

3. 取一個深鍋，開中大火，加入橄欖油，放入梅花肉，煎至表面變色後取出備用。

4. 原鍋不洗加入洋蔥、紅蘿蔔、蒜頭，炒到洋蔥軟化變透明。

5. 放進豬肉、栗子、蘑菇、倒入白葡萄酒，利用酒煮滾時鏟動鍋底焦狀物與湯汁混合。

6. 待酒精略為揮發約1分鐘左右，放入高湯並開大火，水滾後改微火，加蓋燉煮1小時。

7. 起鍋前以鹽調味，並加入切碎的歐芹即可。

林太
小叮嚀

1. 鍋底的肉類黏著物，是湯頭風味的來源之一，所以湯汁下去時請儘量刮除鍋底的精華。

2. 蘑菇用擦拭或是用小刷子刷掉表皮髒污即可，用洗的會讓蘑菇含水量增加，風味會減弱。

紅酒百里香燉肉

材料

豬梅花肉⋯⋯⋯ 600 公克	番茄糊⋯⋯⋯⋯⋯ 2 大匙	奶油⋯⋯⋯⋯⋯⋯⋯ 1 大匙
橄欖油⋯⋯⋯⋯⋯ 1 大匙	紅酒⋯⋯⋯⋯⋯ 300 毫升	通用麵粉⋯⋯⋯⋯ 1 大匙
大顆洋蔥⋯⋯⋯⋯ 1 顆	新鮮百里香（或乾燥百里	鹽⋯⋯⋯⋯⋯⋯⋯ 1/2 茶匙
紅蘿蔔⋯⋯⋯⋯⋯ 1 根	香）⋯⋯⋯⋯⋯⋯ 1 大匙	黑胡椒粉⋯⋯⋯ 1/4 茶匙
西洋芹⋯⋯⋯⋯⋯ 2 小支	月桂葉⋯⋯⋯⋯⋯ 2 片	
蘑菇⋯⋯⋯⋯⋯⋯ 200 克	豬高湯⋯⋯⋯⋯ 300 毫升	

作法

1. 豬梅花切成3x3公分塊狀備用。
2. 洋蔥、紅蘿蔔去皮切3x3公分塊狀，西洋芹除去葉子，莖切2公分小段，備用。
3. 取一個深鍋，開中大火倒入橄欖油，豬梅花下鍋煎至金黃色。
4. 將麵粉均勻撒入鍋中，讓肉包裹上麵粉後取出備用。
5. 原鍋不洗，加入奶油、洋蔥、紅蘿蔔、西芹、蘑菇，拌炒到洋蔥軟化變透明。
6. 放回豬梅花，加入紅酒，並刮起鍋底的精華。
7. 加入番茄糊、百里香、月桂葉、高湯、鹽、黑胡椒粉。
8. 大火煮滾後加蓋改微火燉煮1小時即可。

林太
小叮嚀

1. 鍋底的精華是風味的來源，請一定要刮起來喔！
2. 蘑菇用擦拭或是用小刷子刷掉表皮髒污即可，用洗的會讓蘑菇含水量增加，風味會減弱。

紅色布拉格——
拉格啤酒燉豬肉腸

那次的旅行在聖誕節假期，我跟小妹帶上媽媽，去了德國找大妹，然後一起去捷克布拉格玩。大妹訂的飯店在舊城區邊緣的伏爾塔瓦河畔，考慮到媽媽的腳力，住這十分鐘就可以快速進入繁華。

　　聖誕節假期去歐洲最開心的莫過於逛聖誕市集了，在天文鐘前跟著大家一起看著時鐘整點的報時表演，逛逛夜晚的布拉格老城區，買個烤得香噴噴的香腸堡，配杯市集賣的拉格啤酒，再吃超級好吃的煙囪肉桂捲。啤酒週邊商品店，儼然是最棒的伴手禮店，捷克的啤酒世界聞名，各種啤酒幾乎都有專屬杯子，若不是行李已經快爆了，好想通通買回家，冷靜下來只挑選了兩個回家當紀念品。回到飯店當然要順便拎回各式各樣的啤酒，全家人一起品酒，還有其中一晚妹婿訂好了船上餐廳，吃了讓我懷念至今的燉飯及義大利麵，消費又超級便宜，每一個在布拉格的夜晚都是這樣過的。

　　白天我們慢慢晃，走過查理大橋，好好瞧瞧橋上的雕刻，跟著人家排隊等著摸那隻傳說會帶來好運的金狗；我們有足夠的時間讓媽媽慢慢走、慢慢休息，走上了布拉格城堡，轉進了黃金小巷，看了門牌 22 號的藍色房子，是卡夫卡曾經住過的地方。這一路上我們訓練媽媽拍照，好幾次被她的照相技術笑翻，總是要一再的確認好位置及構圖，才叫她來接手拍照，幾次她任性的不想再拍了，我們只能半哄半勸的讓她繼續產生興趣。踏上城堡的頂端，我們一起在布拉格看了紅色屋頂的布拉格，好美好美！

　　這是媽媽這輩子第二次踏上歐洲，第一次是妹妹生小孩，第二次就是這次了，也已經是八年前了，至今媽媽過世已第四年，我們姐妹都覺得還好之前趁著媽媽能走動，都會帶她出去走走，怕的就是哪天萬一媽媽生病了、走不動了，她想去

的地方都不能去了，我們都會有遺憾。也很喜歡看她在她朋友間那種有些自豪的開心，總是會在朋友的談話間這樣說：「我就說我走不動，而且飛機坐那麼久太累了，小孩還是硬要帶我出國去玩，我也沒有辦法啊！」撇開舟車勞頓，事實上他們是非常開心的，那是一種屬於老年人的幸福感。

　　喝杯拉格啤酒，吃了吃拉格啤酒燉香腸，都會讓我想到跟母親同遊布拉格的時光，很欣慰還好母親在世時就盡可能的帶她出去看世界，這是我人生最不遺憾的事情。

Chapter

4

雞肉料理

白酒燉雞肉

材料

去骨雞腿肉⋯⋯⋯500 克	雞高湯⋯⋯⋯⋯200 毫升	或乾燥百里香 1/4 茶匙
洋蔥⋯⋯⋯⋯⋯⋯ 一個	橄欖油⋯⋯⋯⋯⋯ 1 大匙	月桂葉⋯⋯⋯⋯⋯⋯ 1 片
油漬鯷魚⋯⋯⋯⋯ 5 條	蒜頭⋯⋯⋯⋯⋯⋯ 4 瓣	黑胡椒粉⋯⋯少許(捏指量)
不甜白葡萄酒⋯100 毫升	新鮮百里香⋯⋯⋯⋯ 3 支	鹽⋯⋯⋯⋯⋯⋯ 1/4 茶匙

作法

1.去骨雞腿肉切成5x5公分大塊備用。

2.洋蔥去皮切絲，蒜頭去皮切成碎末備用。

3.取一深鍋中火倒入橄欖油及鯷魚，炒到鯷魚化開。

4.續下洋蔥絲及蒜頭末，炒到洋蔥軟化。

5.放入雞腿肉，略炒一下到表皮變白即可。

6.加入不甜白葡萄酒，用鍋氣把酒精略為煮一下，約1分鐘。

7.加入雞高湯、百里香、月桂葉、鹽及黑胡椒粉，大火煮滾後蓋上蓋子
　轉文火燉煮約10分鐘即可。

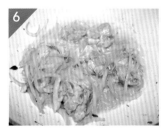
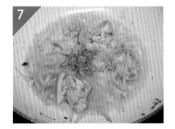

林太
小叮嚀

1.鯷魚只要用鍋鏟攪拌就很容易碎開。

2.雞腿肉很快熟，只要煮到酒氣揮發、雞腿肉熟了就可以起鍋了。

泰式綠咖哩雞

材料

去骨雞腿肉⋯⋯⋯500 克	橄欖油⋯⋯⋯⋯⋯ 1 大匙	紅辣椒⋯⋯⋯⋯⋯⋯ 3 支
四季豆⋯⋯⋯⋯⋯ 10 根	泰式綠咖哩醬⋯⋯100 克	雞高湯⋯⋯⋯⋯⋯300 毫升
南薑⋯⋯⋯⋯⋯ 4 薄片	椰漿⋯⋯⋯⋯⋯⋯400 克	九層塔葉⋯⋯⋯⋯⋯ 1 把
香茅⋯⋯⋯⋯⋯⋯ 3 支	糖⋯⋯⋯⋯⋯⋯ 1/2 大匙	
泰式檸檬葉⋯⋯⋯ 5 片	魚露⋯⋯⋯⋯⋯ 1/2 大匙	

作法

1. 去骨雞腿肉去皮切成5x5公分大塊，四季豆切成5公分長段，備用。
2. 香茅用刀背拍碎根部，切成約7公分長段，辣椒切小段，備用。
3. 取一深鍋開中火，放入橄欖油、南薑、香茅、泰式檸檬葉炒出香氣。
4. 加入綠咖哩醬、糖及一半的椰漿，拌炒均勻。
5. 加入雞高湯，轉大火煮滾後加入雞腿肉，蓋上鍋蓋以文火悶煮10分鐘。
6. 打開蓋子後加入剩下的椰漿、四季豆、紅辣椒及魚露，略攪拌一下並煮滾。
7. 關火加入九層塔葉攪拌一下即可。

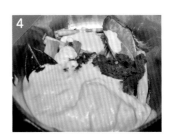
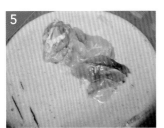

牙買加棕醬燉雞

材料

A. 食材部份

無骨雞腿肉············· 8 片　　　紅蘿蔔················· 1 根　　　五香粉··········· 1/2 茶匙

橄欖油················· 3 大匙　　　番茄················· 100 毫升　　月桂葉················· 3 片

雞高湯···········800 毫升　　　義式番茄醬······ 100 毫升

B. 香料部分

洋蔥················· 1/2 顆　　　棕醬················· 1 茶匙　　　辣椒粉··········· 1/4 茶匙

蔥················· 1 根　　　乾燥百里香······ 1/2 茶匙　　鹽················· 1 茶匙

蒜頭················· 4 瓣　　　甜椒粉··········· 1/2 茶匙　　黑胡椒粉··········· 1/2 茶匙

黑糖················· 2 茶匙　　　薑粉············· 1/4 茶匙

作法

1. 紅蘿蔔去皮切0.5公分薄片，番茄切成1x1公分小丁，備用。
2. 洋蔥去皮切成1x1公分小丁，蔥洗淨切碎，蒜頭去皮切碎，備用。
3. 取一個容器，將香料的部份全部混合在一起。
4. 加入雞腿肉，把香料均勻塗抹在雞腿肉各面，放進冷藏2小時以上或過夜。
5. 取一個深鍋，開中火加入橄欖油，把雞肉上的香料拍掉，再將雞肉放入鍋內，煎至各面變成深褐色。
6. 續加入雞高湯及剛剛醃製雞肉的所有香料醬。
7. 再加入紅蘿蔔、番茄丁、義式番茄醬、五香粉和月桂葉。
8. 煮滾後改文火蓋上鍋蓋，煮至醬汁減少一半，約30分鐘左右，最後以鹽和黑胡椒粉調味即可。

椰漿羅勒咖哩雞

材料

雞胸肉或雞腿肉…600 克	泰式檸檬葉…………… 2 片	櫛瓜………………… 1 根
泰國綠咖哩醬…… 3 大匙	雞高湯…………200 毫升	洋蔥……………… 1/2 顆
椰奶……………200 毫升	魚露…………… 2 大匙	筍片…………… 100 毫升
香菜粉…………… 1 茶匙	糖……………… 1 大匙	羅勒葉………… 50 毫升
小茴香粉……… 1/2 茶匙	檸檬汁………… 1 大匙	

作法

1. 雞肉切成3x3公分小塊備用。
2. 櫛瓜洗淨切成2x2公分小塊、洋蔥去皮切成1x1公分小丁，備用。
3. 取一深鍋，開中小火，把綠咖哩醬跟一半的椰奶放入鍋內，炒拌到起泡，大約1～2分鐘。
4. 加入香菜粉、小茴香粉，攪拌均勻。
5. 放入雞肉、泰式檸檬葉、剩餘的椰奶、雞高湯及洋蔥攪拌，煮滾後改文火加蓋燉煮約10分鐘。
6. 放入櫛瓜、筍片、魚露、糖、檸檬汁，再度煮滾就可關火。
7. 起鍋前放上羅勒葉即可。

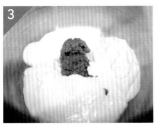
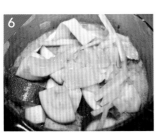
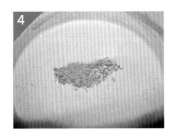

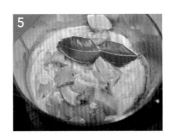

辣味臘腸燉雞

材料

去骨雞腿肉………500 克	黑胡椒粉………1/4 茶匙	雞高湯…………200 毫升
橄欖油…………1/2 大匙	蒜頭………………5 瓣	巴沙米克醋……1/2 大匙
臘腸……………120 克	辣椒………………1 根	羅勒葉………………5 片
鹽………………1/4 茶匙	小番茄…………500 克	

作法

1.將蒜頭去皮、辣椒洗淨斜切成小段、小番茄洗淨備用。
2.去骨雞腿肉切成約8公分大塊,臘腸橫切成圓剖面。
3.取一個鑄鐵鍋或烤盤,將橄欖油均勻倒入鍋內 。
4.將作法2的雞腿肉、臘腸平均鋪在鍋內,並均勻撒上鹽巴及黑胡椒粉。
5.蒜頭、辣椒、小番茄均勻平鋪在鍋內,並倒入雞高湯及巴沙米克醋。
6.烤箱預熱至180度,整鍋放入烤箱烤40分鐘。
7.烤好後,將羅勒葉切成絲撒上即可。

番茄馬鈴薯燉雞

材料

去骨雞腿肉⋯⋯⋯ 500 克	小茴香⋯⋯⋯⋯ 1/2 茶匙	新鮮香菜⋯⋯⋯⋯ 2 支
橄欖油⋯⋯⋯⋯⋯ 2 大匙	百里香⋯⋯⋯⋯ 1/2 茶匙	番茄罐頭⋯⋯⋯⋯ 1 罐
鹽⋯⋯⋯⋯⋯⋯ 1/4 茶匙	蒜頭⋯⋯⋯⋯⋯⋯ 3 瓣	或新鮮番茄 200 克
黑胡椒粉⋯⋯⋯ 1/4 茶匙	辣椒⋯⋯⋯⋯⋯⋯ 1 根	酸豆⋯⋯⋯⋯⋯⋯ 2 大匙
洋蔥⋯⋯⋯⋯⋯⋯ 1/2 顆	馬鈴薯⋯⋯⋯⋯⋯ 250 克	
紅蘿蔔⋯⋯⋯⋯⋯ 1/2 根	雞高湯⋯⋯⋯⋯ 400 毫升	

作法

1. 雞肉切成約8公分大塊,用鹽和黑胡椒粉調味備用。
2. 蒜頭切碎,辣椒切對半,馬鈴薯去皮切成約3公分小塊,酸豆洗淨且瀝乾,備用。
3. 洋蔥和紅蘿蔔分別切成約2公分小塊,備用。
4. 取一個深鍋加入洋蔥、紅蘿蔔,拌炒直到洋蔥變軟。
5. 加入小茴香、百里香、蒜頭和辣椒,拌炒直到出現香味。
6. 將醃過的雞肉、馬鈴薯、雞高湯、香菜和番茄放入鍋中,煮沸後加蓋轉微火燉煮約30分鐘。
7. 加入酸豆並用鹽巴、黑胡椒粉調味拌勻,煮約一分鐘即可熄火,可撒上切碎的香菜裝飾。

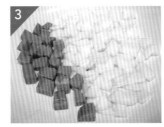

菲律賓醬醋雞

材料

A. 食材

雞腿肉·············· 500 克　　橄欖油·············· 1 大匙

B. 醃料

椰子醋··········· 100 毫升　　蒜頭·············· 1 大顆　　月桂葉················· 2 片

醬油·············· 25 毫升　　黑胡椒粒········ 1/4 茶匙　　大蒜粉·············· 1 茶匙

作法

1. 蒜頭去皮切薄片，取一個大碗將醃料全部放入且攪拌均勻。
2. 將雞腿肉放入醬料的大碗中按摩一下，封上保鮮膜放入冰箱冷藏室醃4小時。
3. 將醃好的雞腿肉撈出瀝乾備用。
4. 取一鍋子瓦斯爐開中火，放入橄欖油，再放入雞腿肉煎到表面焦黃。
5. 放入醃製雞腿肉的醬汁。
6. 煮滾後，蓋上鍋蓋轉文火悶燉煮20分鐘即可。

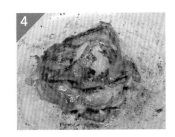

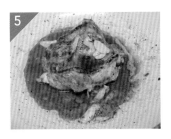

印度香料燉雞

材料

A. 香料部分

香菜籽粉⋯⋯⋯⋯ 1 茶匙	薑黃粉⋯⋯⋯⋯ 1/4 茶匙	小茴香籽⋯⋯⋯ 1/2 茶匙
克什米爾辣椒粉⋯ 1 茶匙	鹽⋯⋯⋯⋯⋯⋯ 1/2 茶匙	紅辣椒乾⋯⋯⋯⋯⋯ 2 條
紅椒粉⋯⋯⋯⋯⋯ 1 茶匙	肉桂棒⋯⋯⋯⋯⋯⋯ 1 根	月桂葉⋯⋯⋯⋯⋯⋯ 1 片
胡蘆巴⋯⋯⋯⋯⋯ 1 茶匙	小荳蔻⋯⋯⋯⋯⋯⋯ 1 顆	

B. 食材部分

無骨雞腿肉⋯⋯⋯⋯ 4 片	大蒜末⋯⋯⋯⋯⋯ 1 大匙	羅望子醬或檸檬汁⋯⋯⋯
洋蔥⋯⋯⋯⋯⋯⋯⋯ 1 個	番茄泥⋯⋯⋯⋯150 毫升	⋯⋯⋯⋯⋯⋯⋯ 1/2 大匙
橄欖油⋯⋯⋯⋯⋯ 2 大匙	雞高湯⋯⋯⋯⋯100 毫升	香菜⋯⋯⋯⋯⋯⋯⋯ 1 束

作法

1. 雞腿去皮切成5x5公分大塊備用。
2. 洋蔥切成2x2公分小塊備用。
3. 取一個碗，將所有香料混合在一起備用。
4. 取一個深炒鍋，開中大火，下1大匙橄欖油，加入洋蔥、大蒜末，炒到洋蔥變褐色。

5.將洋蔥推到一側，轉文火，將剩下的油倒入鍋中，加入作法3攪拌，煮到香料冒泡泡，注意不要讓香料焦掉。

6.將推在一旁的洋蔥和香料拌在一起，且混合均勻。

7.一樣維持文火，續加入番茄泥攪拌均勻。

8.加入雞肉與鍋內香料攪拌均勻，加入雞高湯然後不要蓋鍋蓋，約5分鐘攪拌一次，煮約20分鐘即可。

9.加入羅望子醬或檸檬汁以及切碎的香菜，攪拌一下再煮2分鐘，用鹽調整味道即可。

林太
小叮嚀

若想有湯汁，可以多加一些水分並用鹽調味即可。

茴香頭牛肝菌菇燉雞腿

材料

去骨雞腿肉········ 1 公斤	橄欖油············· 2 大匙	紅酒醋············· 3 大匙
乾燥牛肝菌菇··· 15 公克	蒜頭················· 3 瓣	不甜白葡萄酒···150 毫升
茴香頭············500 克	乾燥迷迭香······ 1/2 大匙	番茄糊············· 2 大匙
洋蔥················· 1 顆	新鮮橙皮·········· 2 茶匙	鹽················· 1 茶匙
開水············200 毫升	乾燥百里香······ 1/2 茶匙	

作法

1. 茴香頭洗淨切成薄片,洋蔥去皮切成薄片,備用。
2. 蒜頭去皮切碎備用。
3. 將牛肝菌菇稍微沖洗一下,然後用煮沸的開水浸泡至軟化。
4. 取一可進烤箱的深炒鍋,開中大火,加入橄欖油把雞肉放入煎焦表面,取出備用。
5. 原鍋不洗,在鍋中放入洋蔥拌炒直到軟化。

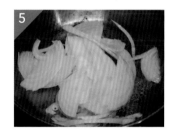

6.再加入茴香頭繼續攪拌到茴香頭也軟化。

7.加入蒜頭、迷迭香、橙皮和百里香，攪拌均勻後倒入紅酒醋，煮約1分鐘。

8.將牛肝菌菇瀝乾然後切大段，將牛肝菌菇與泡牛肝菌菇的開水、不甜白葡萄酒、番茄糊和鹽一起加入鍋中。

9.放入煎焦表面的雞腿，加熱煮滾後，蓋上鍋蓋或錫箔紙，烤箱預熱至180度，整鍋放入烤箱烤約45分鐘即可。

林太
小叮嚀　新鮮橘皮可以用檸檬刨刀來削新鮮柳橙上的皮即可。

中東番茄燉雞蛋

材料

雞蛋⋯⋯⋯⋯⋯ 4 顆	蒜頭⋯⋯⋯⋯⋯ 4 瓣	鹽⋯⋯⋯⋯ 1/2 茶匙
橄欖油⋯⋯⋯⋯ 2 大匙	小茴香⋯⋯⋯⋯ 1 茶匙	黑胡椒粉⋯⋯⋯ 1/4 茶匙
洋蔥⋯⋯⋯⋯⋯ 1 顆	煙燻紅椒粉⋯⋯ 1 茶匙	香菜⋯⋯⋯⋯⋯ 適量
紅甜椒⋯⋯⋯⋯ 1 顆	番茄丁罐頭⋯⋯ 400 克	菲達乳酪⋯⋯⋯ 2 大匙
紅辣椒⋯⋯⋯⋯ 2 支	番茄糊⋯⋯⋯⋯ 1 大匙	

作法

1. 洋蔥去皮、紅甜椒洗淨去籽，分別切成1x1公分小丁備用。
2. 紅辣椒洗淨、蒜頭去皮，分別切碎備用。
3. 取一個有高度的煎鍋，開中火加熱橄欖油，加入洋蔥、紅甜椒和紅辣椒，炒到洋蔥變軟。
4. 加入大蒜、小茴香和煙燻紅椒粉，炒勻。
5. 加入番茄丁、番茄糊、鹽和黑胡椒粉，拌勻燉煮約10分鐘。
6. 在燉煮的番茄鍋裡，用鍋鏟挖出四個跟雞蛋差不多大小的圓洞，將雞蛋打入洞中。
7. 轉微火，繼續燉煮到蛋白熟，蛋黃不熟的狀態，或打好蛋送進預熱至180度的烤箱，烤10分鐘。
8. 起鍋後撒上菲達乳酪及切碎的新鮮香菜即可。

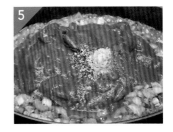

地中海式燉雞

材料

去骨雞腿肉……… 1 公斤	去皮番茄丁罐頭… 400 克	紅辣椒……………… 2 支
橄欖油…………… 2 大匙	月桂葉……………… 2 片	酸豆……………… 1 大匙
洋蔥……………… 1 顆	乾燥迷迭香…… 1/2 茶匙	鹽…………… 1/2 茶匙
鯷魚……………… 6 條	雞高湯………… 500 毫升	
蒜頭……………… 4 瓣	紅酒………… 100 毫升	

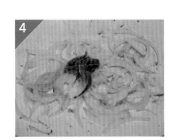

作法

1. 洋蔥去皮切成絲，蒜頭去皮切碎，紅辣椒去籽並切成薄片，備用。
2. 取一個深炒鍋，開中大火，加入1大匙橄欖油，放入雞肉煎至表面微焦，取出備用。
3. 原鍋不洗，倒入另1大匙橄欖油，加入洋蔥絲拌炒，炒到洋蔥焦糖化。
4. 加入鯷魚和蒜頭拌炒一下，讓鯷魚在鍋中化開。
5. 放入番茄丁、月桂葉和迷迭香，煮約3分鐘，然後將雞肉放回鍋中。
6. 加入雞高湯、紅酒和紅辣椒，煮滾後轉微火，蓋上鍋蓋燉煮40分鐘，直到雞肉煮熟。
7. 雞肉煮熟後加入酸豆、鹽調味即可。

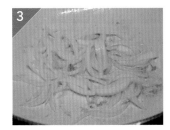
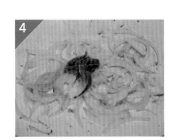

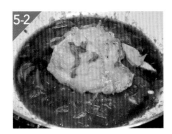

獵人燉雞

材料

雞腿⋯⋯⋯⋯⋯ 1.5 公斤	或乾燥鼠尾草 1/2 茶匙	橄欖油⋯⋯⋯⋯⋯ 3 大匙
芹菜⋯⋯⋯⋯⋯ 80 克	迷迭香⋯⋯⋯⋯⋯ 1 支	去核黑橄欖⋯⋯⋯ 80 克
洋蔥⋯⋯⋯⋯⋯ 100 克	或乾燥迷迭香 1/2 茶匙	番茄丁罐頭⋯⋯⋯ 400 克
紅蘿蔔⋯⋯⋯⋯⋯ 100 克	月桂葉⋯⋯⋯⋯⋯ 2 片	番茄糊⋯⋯⋯⋯⋯ 2 大匙
鼠尾草⋯⋯⋯⋯⋯ 3 片	蒜頭⋯⋯⋯⋯⋯ 2 瓣	不甜白葡萄酒⋯ 200 毫升

新鮮紅辣椒‥‥‥‥‥ 1 個　　鹽‥‥‥‥‥‥‥‥ 1/2 茶匙　　新鮮歐芹‥‥‥‥‥‥ 1 束

雞高湯‥‥‥‥‥ 50 毫升　　黑胡椒粉‥‥‥‥ 1/4 茶匙

作法

1. 洋蔥、紅蘿蔔去皮切2x2公分小塊，芹菜洗淨切2x2小塊，備用。

2. 大蒜去皮切薄片，紅辣椒洗淨切碎，備用。

3. 取一深炒鍋，開中大火，加入橄欖油，將紅蘿蔔、芹菜和洋蔥，放入鍋中，炒到洋蔥軟化變透明，再加入大蒜拌炒一下。

4. 加入雞腿、鼠尾草、迷迭香、辣椒，並讓雞腿肉稍微焦化表面。

5. 然後倒入不甜白葡萄酒，煮滾到酒精蒸發，約1分鐘。

6. 加入番茄丁、番茄糊、月桂葉、雞高湯、去核黑橄欖攪拌均勻，煮沸調味加入鹽及黑胡椒粉，蓋上鍋蓋，轉小火燉煮45分鐘。

7. 起鍋後撒上切碎的新鮮歐芹即可。

巴斯克燉雞

材料

切塊雞腿肉……… 1 公斤	蒜頭………………… 2 瓣	月桂葉……………… 3 片
生火腿…………… 150 克	不甜白葡萄酒… 60 毫升	雞高湯………… 100 毫升
橄欖油…………… 2 大匙	新鮮百里香………… 6 支	黑胡椒粉……… 1/4 茶匙
去皮番茄丁罐頭…300 克	或乾燥百里香… 1/2 茶匙	鹽……………… 1/2 茶匙
青、紅、黃甜椒…各 1 顆	鼠尾草…………… 6 片	
洋蔥………………… 1 顆	或乾燥鼠尾草 1/2 茶匙	

作法

1. 生火腿切成1×1公分小塊，青紅黃椒去籽切成細條狀，洋蔥去皮切成1×1公分小塊，蒜頭去皮切碎，備用。
2. 取一深炒鍋，開中大火，倒入1大匙橄欖油，放入雞腿肉煎焦表面後，取出備用。
3. 原鍋不洗，下1大匙橄欖油，將洋蔥、大蒜和青紅黃椒，一起炒到軟化。
4. 再加入番茄丁、黑胡椒粉，轉微火煨煮5分鐘。
5. 加入已煎熟表面的雞腿肉、生火腿，攪拌一下。
6. 加入不甜白葡萄酒、雞高湯、百里香、鼠尾草、月桂葉、鹽，煮滾後蓋上鍋蓋改文火燉煮20分鐘即可。

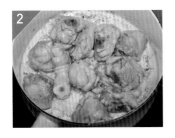

新疆的大盤雞——
番茄馬鈴薯燉雞

踏上絲路的旅程，我彷若走入歷史與地理裡，行程中我最愛的就是吐魯番的高昌古城，他是古絲綢之路的必經之地和重要的門戶，也是唐三藏往西方取經的路途之一，他曾在這裡停留講經，三萬居民三千僧，可見佛教在此地的興盛。去吐魯番一定要來高昌古城，這裡會讓你對吐魯番的印象不僅限於只是地理踩點，會更有歷史的見證，在那裡我可以想像，在斷垣殘壁中，仍有高昌國的輝煌；在凋敝荒野中，仍有沙場鐵馬的嘶鳴聲；我沉迷於在高昌古城裡的一磚一瓦，宛若我來自這裡般的著迷，我的高昌國。

再往北走，我們來到了新疆的烏魯木齊，停留了兩天，吃了兩天大盤雞，撇除政治上的肅殺氛圍，其實讓我感覺走入了另一個國家。烏魯木齊人臉部輪廓很立體，高鼻子、大眼睛，難怪會號稱是中國美女最多的城市，吃的食物也屬大盤雞最合我們的胃口，大盤雞食材不外乎雞肉、馬鈴薯、紅綠椒類、洋蔥、辣椒、香料、料酒，光是他們會先炒出糖色就非常符合我們的口味；街上很多在賣全羊料理的，一般是香料水煮，我還在那裡吃了非常好吃的新疆孜然烤肉，其中孜然烤煎雞蛋最讓我驚艷，他們的羊肉讓我這個不太敢吃羊肉的人，在新疆得到了救贖，我大吃特吃各式羊肉料理。路邊的香料水煮羊肉，一看桌面上的食材幾近全羊了，點好部位老闆會幫你剁成小塊，然後依照你的喜好加入孜然粉、辣椒、胡椒，非常好吃也非常新奇，因為桌上就幾顆羊頭看著你！吃美食也有新奇的體驗是我旅途中最開心的事！

　　做這道番茄馬鈴薯燉雞讓我想到了我的絲路新疆行；我還記得那天在甘肅張掖路邊的大銀河；在飯店借了廚房快速爐烤的烏魚子；在蘭州吃的正統蘭州拉麵；我們也去了黃河摸了摸黃河水；在路邊看到了讓我心生嚮往的胡楊樹；在往月牙泉路上吃到的甜美哈密瓜；在敦煌吃到超好吃的大漠囊餅；在西安看到壯闊的兵馬俑；還有令人讚嘆的莫高窟、麥積山石窟等都是令人再三回味、永生難忘的旅程。

　　對我而言，美食之於旅行猶如陽光空氣水之於人那般的重要，豐富的旅程除了同行的旅伴很重要以外，美食更是我最在乎的，我會因為吃而選擇去哪裡旅行，吃可以培養我的飲食世界觀，我享受吃在當地這樣的歸屬感。

Chapter

5

海鮮料理

拿坡里鑲中卷

材料

中卷⋯⋯⋯⋯⋯⋯ 3 隻	新鮮巴西利⋯⋯⋯⋯ 一小束	不甜白葡萄酒⋯ 100 毫升
麵包屑⋯⋯⋯⋯⋯ 10 克	蒜頭⋯⋯⋯⋯⋯⋯⋯ 2 瓣	糖⋯1/4 茶匙
烤過的松子⋯⋯⋯ 10 克	洋蔥⋯⋯⋯⋯⋯⋯ 1/4 顆	鹽⋯⋯⋯⋯⋯⋯ 1/4 茶匙
酸豆⋯⋯⋯⋯⋯⋯ 1 大匙	去皮番茄丁罐頭⋯ 100 克	辣椒⋯⋯⋯⋯⋯⋯⋯ 1 支
帕瑪森乾酪⋯⋯⋯ 2 大匙	番茄糊⋯⋯⋯⋯⋯ 15 克	橄欖油⋯⋯⋯⋯⋯ 2 大匙

作法

1. 將中卷去除內臟,剝去外皮,切掉頭部,洗淨並將中卷頭切成小塊備用。

2. 洋蔥去皮切碎,巴西利、酸豆切碎,帕瑪森乾酪切碎,蒜頭去皮切碎,辣椒切碎,備用。

3. 開中大火,鍋中加1大匙橄欖油和一半蒜末和全部洋蔥,炒至洋蔥軟化。

4. 加入切成小塊的中卷頭並炒到半熟,約1分鐘。

5. 另拿一個大碗放入麵包屑、帕瑪森乾酪、巴西利、酸豆、烤過的松子、一瓣蒜末、辣椒、鹽、糖、橄欖油1大匙,再加入炒好的作法4,把所有的餡料拌勻。

6. 把餡料塞進中卷的肚子內,約七分滿即可,開口處用牙籤封住,放進炒過中卷頭的鍋子內煎香表面。

7. 再加入不甜白葡萄酒,待酒精稍微揮發後加入番茄丁及番茄糊,蓋上鍋蓋小火燉煮5分鐘即可。

林太
小叮嚀

塞內餡進中卷肚子時,不可貪心喔!七分滿即可收口,不然中卷會破給你看!

托斯卡尼燉鮭魚

材料

鮭魚⋯⋯⋯⋯⋯500 克	鹽⋯⋯⋯⋯⋯ 1/2 茶匙	小番茄⋯⋯⋯⋯⋯200 克
無鹽奶油⋯⋯⋯ 20 克	黑胡椒粉⋯⋯⋯ 1/4 茶匙	波菜⋯⋯⋯⋯⋯400 毫升
橄欖油⋯⋯⋯⋯ 2 大匙	蒜頭⋯⋯⋯⋯⋯ 2 瓣	水⋯⋯⋯⋯⋯⋯200 毫升

作法

1. 鮭魚去皮，小番茄對半切，蒜頭去皮切碎，菠菜洗淨隨意折 幾下，備用。
2. 鮭魚用紙巾擦乾後，用鹽和黑胡椒粉調味。
3. 取一平底鍋，加入橄欖油中火加熱後，將鮭魚放入煎到金黃 色，約5分鐘，翻過來再煎2分鐘，然後取出放到盤子備用。
4. 轉成文火加入奶油，奶油融化後，放入大蒜末攪拌一下。
5. 續加入對切的小番茄，並加鹽和黑胡椒粉調味，煮至番茄開始破裂。
6. 倒入水並煮滾後，加入菠菜，煮到菠菜軟化。
7. 維持文火，把鮭魚放回去跟著醬汁燉煮約3分鐘，期間翻面一次即可。

 林太 小叮嚀　　若是覺得湯汁不夠，可再增加少許水，增加濕度。

祕魯燉海鮮香菜湯

材料

奶油……………… 1 大匙	魚高湯………… 400 毫升	(蝦、貝類、魚都可以)
洋蔥……………… 1/2 個	水……………… 400 毫升	鹽……………… 1/4 茶匙
辣椒粉………… 1/2 茶匙	馬鈴薯………… 小型 4 顆	黑胡椒粉……… 1/4 茶匙
青椒……………… 1/2 個	紅蘿蔔………… 中型 1 根	檸檬……………… 1/4 顆
大蒜………………… 3 瓣	香菜……………… 1 把	
孜然粉………… 1/2 茶匙	海鮮……………… 500 克	

作法

1.馬鈴薯、紅蘿蔔切成約2公分小丁，備用。
2.洋蔥、青椒切成約1公分小丁，蒜頭切碎，香菜取1根切碎，備用。
3.取一個厚底深鍋開中火，放入奶油和洋蔥炒至洋蔥軟化。
4.加入辣椒粉、青椒、蒜頭、香菜和孜然粉，炒約2分鐘。
5.取出食物攪拌機、作法4全部倒入攪拌機中。

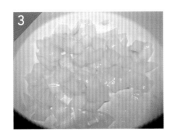

6.將剩餘香菜去除根部後，也加入攪拌機內。

7.加入200毫升水進作法6，用攪拌機充分打勻，備用。

8.原鍋中加入馬鈴薯丁和紅蘿蔔丁，加入400毫升魚高湯及剩餘水煮滾到蔬菜變軟。

9.加入海鮮並慢火煮至所需的熟度。

10.海鮮煮熟後，加入攪拌機中的香菜香料。

11.加熱至滾隨即熄火，擠入檸檬汁，再用鹽、黑胡椒粉調味即可。

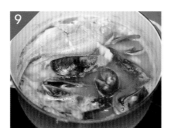

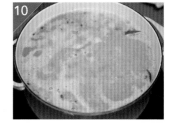

林太
小叮嚀

1.魚高湯的作法是，利用白肉魚魚頭或魚骨，加上適量洋蔥、芹菜以及紅蘿蔔，燉煮20分鐘後過濾即可。

2.海鮮煮熟後加入香菜香料攪拌物，不要煮太久，否則會失去香菜可愛的綠色喔！

3.海鮮記得從慢熟的先放入。

4.馬鈴薯和紅蘿蔔的比例可按照個人喜好自己做調整。

西班牙燉海鮮

材料

橄欖油⋯⋯⋯⋯⋯ 1 大匙	辣椒粉⋯⋯⋯⋯ 1/2 茶匙	月桂葉⋯⋯⋯⋯⋯ 1 片
洋蔥⋯⋯⋯⋯⋯ 1/2 顆	茴香籽⋯⋯⋯⋯⋯ 1 茶匙	檸檬⋯⋯⋯⋯⋯⋯ 1 顆
大蒜⋯⋯⋯⋯⋯⋯ 2 瓣	去皮番茄丁罐頭⋯ 200 克	歐芹⋯⋯⋯⋯⋯⋯ 1 束
紅蘿蔔⋯⋯⋯⋯⋯ 半根	小型馬鈴薯⋯⋯⋯ 1 顆	鹽⋯⋯⋯⋯⋯ 1/2 茶匙
西洋芹⋯⋯⋯⋯⋯ 1 支	綜合海鮮⋯⋯⋯⋯ 600 克	黑胡椒粉⋯⋯⋯ 1/4 茶匙
新鮮或乾燥百里香葉 1 茶匙	魚高湯⋯⋯⋯⋯⋯ 1 杯	
煙燻紅椒粉⋯⋯⋯ 1 茶匙	不甜白葡萄酒⋯ 100 毫升	

作法

1. 洋蔥、紅蘿蔔去皮切成1x1公分小丁,西洋芹洗淨切1x1公分小丁,馬鈴薯去皮切成2x2公分小塊,蒜頭去皮切碎,備用。
2. 取一深鍋,開中火加入橄欖油,加入洋蔥、大蒜,炒到洋蔥變軟。
3. 放入馬鈴薯、紅蘿蔔、西洋芹、百里香、煙燻紅椒粉、辣椒粉和茴香籽,拌炒2分鐘。
4. 沿鍋邊倒入不甜白葡萄酒,煮到酒精稍微散掉,約1分鐘。

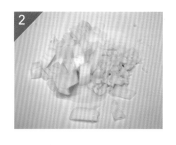

林太
小叮嚀　　魚高湯作法請參考P130。

5.放入番茄丁、月桂葉、魚高湯,煮至馬鈴薯變軟。

6.加入海鮮,最慢熟的先放入,直到海鮮煮熟。

7.擠1顆檸檬汁,並以鹽和黑胡椒調味,再削點檸檬皮及歐芹切碎撒在上面即可。

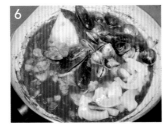

義大利燉海鮮

材料

橄欖油…………… 1 大匙	青椒……………… 1/2 個	鹽……………… 1/4 茶匙
洋蔥……………… 1/2 個	紅椒……………… 1/2 個	黑胡椒粉……… 1/4 茶匙
蒜頭……………… 2 瓣	魚高湯………… 200 毫升	綜合海鮮………… 800 克
芹菜……………… 1 支	去皮番茄丁罐頭… 400 克	

作法

1. 洋蔥去皮切成1x1公分小丁，芹菜、青椒、紅椒洗淨切成1x1公分小丁，蒜頭去皮切碎，備用。
2. 取一深鍋，開中大火，鍋熱後倒入橄欖油，加入洋蔥、蒜末，炒至洋蔥變軟。
3. 加入芹菜和青、紅椒，再炒2分鐘。
4. 將魚高湯及番茄丁倒入，加鹽和黑胡椒粉調味，煮滾加蓋改用小火燉20分鐘。
5. 高湯鍋煮好後，依序放入海鮮，慢熟的海鮮先放，等全部海鮮熟了即完成。

林太 小叮嚀

1. 海鮮可以更換成任何你喜歡的海鮮食材喔！
2. 魚高湯作法請參考P130。

馬德里驚魂記——
西班牙燉海鮮

　　那年我 26 歲，西班牙是我第一次踏上歐洲自助旅行的第二站，跟一個姐姐好友，雖然只有我們兩個人，但是她已來過好幾次西班牙，我就放大膽的跟著她玩。初來到西班牙的第二天在馬德里，那天我們去了馬德里的皇宮，感受皇宮裡華麗的一切，看著那些絲絨坐椅的曲線，讚嘆著提耶波羅的壁畫。

　　離開皇宮後跟著姐姐腳步走在街上，一前一後，我墊後忙著拍下美麗的街景，我們停在一家雜貨店買飲料，因為在西班牙大部分水是可以生飲的，於是我抱了兩大瓶可樂，準備回飯店好好的享受，一路上我一手抱著可樂，一手忙拍照，一個轉彎我專注的欣賞著沿路建築物的特別，手中忙著按下快門，沒注意到朋友已離我一段距離，眼角撇見左方兩位高大的男人朝我的方向疾步走來，沒有想太多快門還來不及按下，下一秒就被其中一位男子從背後一手勒住脖子、一手搗住口鼻，完全無法出聲呼救，第一時間反應過來——我被搶劫了！接著我只能想起原來電視演得是真的，搗住口鼻是會暈倒的，因為我窒息得快要暈倒了，最後才快速的閃過人生的一些畫面，雖然只有短短幾秒鐘，我經歷了人生的跑馬燈。

　　我以為我死了，結果是在路邊暈了一會兒，旁邊球場的籃球拍打地面的聲音喚醒了我，耶！我沒死。醒來，我看到大概距離三十公尺的地方，至少有二十幾個人圍觀，但卻沒有人來救我，他們看起來是那樣的習以為常，起身找不到我的隨身包包、相機，糟糕的是我的包包裡有我的護照、現金還有手機。嗯，只要活著就好！我連忙把滾落在旁邊籃球場的兩瓶可樂抱起來，這兩瓶是我當時僅有的財產，我必須帶它們走，同時我才感覺到我不自覺的尿濕褲子了，才明白原來嚇到屁滾尿流是這種感覺，接著我往前狂奔，在人海裡找到我的朋友，當下只覺得我的嘴巴跟牙齦好痛，原來搗住我口鼻的力量很大，連牙齒都搖動，嘴唇內部黏膜也破皮了，我的嘴角滲出血絲，朋友嚇了一大跳，她說我們剛剛經過吉普賽人的區域，她以為我有緊跟著她走，結果我竟然大意的停留了。

　　接著當天一連串的報警、拍臨時大頭照、辦理臨時護照，外交人員說，還好妳有醒來，昨天在巴塞隆納一個台灣人被人從背後桶臀部一刀搶劫，現在還在醫院。接下來的 15 天行程，我們繼續搭火車、搭公車玩了五個城市。

　　還記得那天在哥多華，瓜達幾維河畔的一家餐廳，叫了一盤姑且叫它西班牙海鮮炸物盤，還有一盤西班牙燉海鮮，其實西班牙的食物在我的這趟旅程裡，因為嘴巴全破，沒能留下太多味道印象，但是在河畔享受那樣的氛圍，至今我仍然難忘，坐在椅子上，吃著海鮮配著白酒，享受天色漸暗等待月色的降臨，那一刻覺得還好我還活著，活著真的很好！

Chapter
6

蔬菜料理

普羅旺斯燉菜

材料

去皮番茄丁罐頭…500 克	或乾燥百里香… 1/2 茶匙	綠色櫛瓜…………… 1 支
蒜頭………………… 2 瓣	橄欖油…………… 2 大匙	黃色櫛瓜…………… 1 支
洋蔥……………… 1/2 顆	鹽………………… 1/4 茶匙	牛番茄…………… 6 顆
糖………………… 1 茶匙	黑胡椒粉………… 1/4 茶匙	
新鮮百里香……… 3 支	茄子……………… 1 支	

作法

1. 茄子、牛番茄、綠色和黃色櫛瓜分別洗淨切成0.2公分薄片備用。

2. 洋蔥、蒜頭去皮切碎。

3. 取一淺鍋開中火，加入1大匙橄欖油，放入洋蔥和蒜頭炒至洋蔥軟化。

4. 加入番茄丁罐頭、糖和大部份百里香(請留一點點)，混合在一起燉煮，用鍋鏟稍稍把番茄丁壓碎。

5. 文火煮約15分鐘，不時攪拌，然後加入鹽和黑胡椒粉調味備用。

6. 將切成薄片的綠黃櫛瓜、茄子、牛番茄，一片一片的交疊繞成一個圈，鋪在有蕃茄醬汁的淺鍋上。

7. 鋪滿整面後，淋上剩餘橄欖油及撒上剛剛保留的百里香。

8. 烤箱預熱至180度，把淺鍋加蓋放入烤箱中烤約30分鐘，確認醬汁在側面已滾熟輕輕起泡，且蔬菜變軟即可。

紅酒巴沙米克醋燉蘑菇

材料

蘑菇⋯⋯⋯⋯⋯200 克	不甜紅葡萄酒⋯ 50 毫升	鹽巴⋯⋯⋯⋯ 1/4 茶匙
奶油⋯⋯⋯⋯⋯ 60 克	巴沙米克醋⋯⋯⋯ 2 大匙	黑胡椒粉⋯⋯⋯ 1/4 茶匙
蒜頭⋯⋯⋯⋯⋯ 2 瓣	新鮮百里香⋯⋯⋯ 1 大匙	

作法

1.蘑菇不要洗，用刷子刷掉灰塵備用。

2.蒜頭去皮切碎，百里香切碎備用。

3.取一平底鍋，中火，放入奶油，加熱至奶油融化起泡，放入蘑菇及蒜末拌炒均勻。

4.加入不甜紅葡萄酒，煮3分鐘讓酒精揮發掉。

5.再加入巴沙米克醋、百里香一起燉煮到湯汁收乾。

6.起鍋前用鹽、黑胡椒粉調味拌勻即可。

林太
小叮嚀

由於要加熱巴薩米克醋，所以不用使用高級的，一般的巴沙米克醋即可，才不會浪費了喔！

花椰菜鷹嘴豆燉咖哩

材料

橄欖油⋯⋯⋯⋯ 1 大匙	印度咖哩粉⋯⋯⋯ 3 大匙	水⋯⋯⋯⋯⋯⋯ 200 毫升
洋蔥⋯⋯⋯⋯⋯ 1 個	薑末⋯⋯⋯⋯⋯ 1 茶匙	椰奶⋯⋯⋯⋯⋯ 100 毫升
地瓜⋯⋯⋯⋯⋯ 300 克	鹽⋯⋯⋯⋯⋯⋯ 1/2 大匙	熟鷹嘴豆⋯⋯⋯ 400 毫升
白花椰菜⋯⋯⋯ 300 克	蘋果醋⋯⋯⋯⋯ 1 大匙	菠菜⋯⋯⋯⋯⋯ 100 克
蒜頭⋯⋯⋯⋯⋯ 3 瓣	去皮番茄丁罐頭⋯ 400 克	

作法

1. 地瓜去皮切成2×2公分小塊，洋蔥去皮切成1×1公分小丁，蒜頭去皮切碎，花椰菜洗淨切成一朵一朵狀，菠菜洗淨切成2公分小段，備用。
2. 取一深鍋，中火加入橄欖油，放入洋蔥炒至洋蔥軟化。
3. 加入地瓜拌炒1分鐘。
4. 再加入蒜末、薑末和印度綜合香料拌炒均勻。
5. 加入蘋果醋、去皮番茄丁罐頭、水、椰奶和熟鷹嘴豆，煮滾後轉文火加蓋燉煮約20分鐘，到蔬菜變軟。
6. 加入白花椰菜、菠菜燉煮3分鐘，以鹽調味即可。

紅扁豆燉蔬菜

材料

地瓜⋯⋯⋯⋯⋯300 克	青辣椒⋯⋯⋯⋯⋯ 2 支	水⋯⋯⋯⋯⋯200 毫升
白花椰菜⋯⋯⋯300 克	紅藜麥⋯⋯⋯⋯ 50 克	香菜⋯⋯⋯⋯⋯ 1 大把
菠菜⋯⋯⋯⋯⋯ 60 克	紅扁豆⋯⋯⋯⋯100 克	鹽⋯⋯⋯⋯⋯ 1/2 茶匙
橄欖油⋯⋯⋯⋯ 1 大匙	番茄丁罐頭⋯⋯400 克	黑胡椒粉⋯⋯⋯ 1/4 茶匙
蒜頭⋯⋯⋯⋯⋯ 3 瓣	椰漿 1 罐 ⋯⋯400 克	檸檬片⋯⋯⋯⋯ 1/8 片

作法

1. 地瓜去皮切成5x5公分大塊，白花椰菜洗淨切成一朵一朵狀，菠菜洗淨切2公分小段，備用。
2. 蒜頭去皮切碎，青辣椒洗淨切細片，香菜洗淨切成1公分小段，備用。
3. 取一深鑄鐵鍋，開中火，放入橄欖油，接著放入蒜末、青辣椒片，炒至有香味。
4. 續加入紅藜麥、紅扁豆、番茄丁、椰漿、水、地瓜塊，攪拌均勻，待煮滾後轉微火燉煮25分鐘，至紅扁豆、地瓜熟透。
5. 加入白花椰菜，續煮5分鐘。
6. 加入菠菜段、香菜段，攪拌一下至菠菜熟，即可熄火。
7. 用鹽、黑胡椒粉調味，盛盤後檸檬片放旁邊，食用前，擠上檸檬汁攪拌均勻即可。

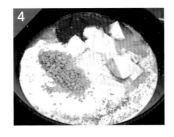

林太
小叮嚀

1. 煮紅扁豆的時候，記得要偶爾去攪拌，不然紅扁豆易黏鍋。
2. 若不吃辣，則作法3可只用蒜頭爆香即可。

法國夢——
普羅旺斯燉菜

　　那年我 26 歲，第一次歐洲的自助旅行，第一次一個人的旅行，我選擇去巴黎，為了圓 18 歲那年沒能來得及完成的夢想，那年我因為打工而認識我巴黎夢的織夢者。

　　高中讀的是服裝設計，當時也非常有興趣，認識他正好在我的夢想發芽時，他幫我找好高中畢業要去讀的服裝設計學校及住宿的地方，好不容易說服了父母，卻在臨門一腳時，父親反悔了；他認為我應該讀完大學後再去進修，可是那年沒有出去讀也註定了我這輩子都來不及去完成的夢想。我家在隔年家道中落，就算當時跟父親抗爭硬要出國，頂多一年就得因為經濟斷援得回來，或許當時出去會讓現在的我不一樣，或許當年有出去，我可能會想辦法在那裡生活下來，或許……就是這個或許，我的人生第一次嚐到「或許」的滋味。

　　於是第一次的歐洲行，毅然決然的前往了巴黎，拿著紙本地圖，一個人在巴黎跌跌撞撞的搭上了往市區的公車，好不容易找到了訂的旅館，卻在早晨的街道上，被洗街人員洗街道上狗屎的景象嚇到，怎麼跟我 18 歲那年幻想的巴黎長得不一樣！好吧，有人洗都是好事，至少不會踩到狗屎。一進旅館我正讚嘆於中庭的美，下一秒卻驚訝於電梯只能一個人帶行李進去、還要手動拉上鐵門，打開房門更是嘖嘖稱奇，太酷了，彷彿跟香港住的民宿一樣，小不啦嘰的，行李只能放在床上打開，拿好東西要再關起來收在旁邊，廁所更是好玩，沒有門也能理解，畢竟一個人的房間沒有門也可以接受，但是在廁所裡我不太能大動作洗澡，也根本不能彎下去，只能站在馬桶旁邊洗澡，洗完澡馬桶都濕掉了，記得牆壁壁磚是我不喜歡的亮面豬肝紅色，要走出來還要跟洗手台擠一下，還好當時的我瘦瘦的。總之我一個人在巴黎閒晃了三天，好好享受我 18 歲來不及感受的巴黎，我一早出門慢慢走，走在左岸，走到聖母院，在傍晚時分登上巴黎鐵塔，看了看巴黎黃昏到夜晚的樣貌，半夜 12 點我還走在回旅館的路上，然後每一天都心滿意足的

累癱在床上。

　　料理鼠王的普羅旺斯燉菜，把這道環地中海的料理，推上更高的檔次，畢竟普羅旺斯燉菜法文 ratatouille 來自法文動詞 touiller，是攪拌的意思，它的發源地眾說紛紜，所以這道燉菜隨著地域各有不同的樣貌，共通點是一道很好搭配主食的菜色。

　　不管它來自何處，法國普羅旺斯的地名讓這道菜更出名，我的巴黎夢陸陸續續，還是去圓夢了幾回，也去更多的地方走走，雖然後期就看不到街上洗地板的景象倒也是令我懷念（應該只有我會懷念吧！），我想我懷念的是沒來得及實現的巴黎夢，還有那些或許吧！

Yamazaki

日本主婦の 廚房收納攻略

讓新手也能輕鬆收納不NG

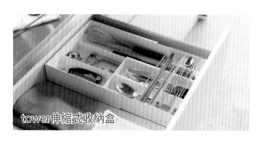

tower伸縮式收納盒

tower伸縮式
鍋蓋收納架

Plate日系框型盤架

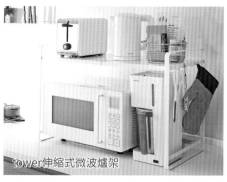

tower伸縮式微波爐架

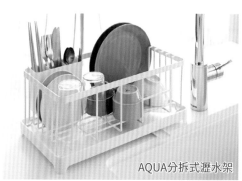

AQUA分拆式瀝水架

tower碗架

推薦 世界餐桌

韓國媽媽的家常料理：60道必學經典 涼拌X 小菜X主食X湯鍋，一次學會

作者：王林煥 攝影：蕭維剛 定價：380元

韓式料理名師—王林煥，教你從基礎開始，採買備料、食材切洗處理，到家庭常備的泡菜、涼拌菜、韓劇常見的經典料理……還有，韓國媽媽們最屬害的料理訣竅，本書一次教給你！

惠子老師的日本家庭料理
（附贈：《渡邊麻紀的湯品與燉煮料理》）

作者：大原惠子、渡邊麻紀
譯者：程馨頤 攝影：楊志雄 定價：450元

30種套餐，100道日本家常菜，最詳盡的示範步驟，大原惠子老師不藏私教授，新手也能輕鬆做出最道地溫暖的日式家庭料理。隨書還贈送《渡邊麻紀的湯品與燉煮料理》。

蘿拉老師的泰國家常菜：家常主菜X常備醬料X街頭小食，70道輕鬆上桌！

作者：蘿拉 攝影：林韋言
定價：380元

泰式料理達人—蘿拉老師，親授70道泰國經典家常菜，從主食到甜點，從食材採購秘訣到烹調的小撇步，教你不瞎忙就能做出道地泰式味。

阿拉伯菜的餐桌講義

作者：林幸香
定價：340元

包含了北非、埃及、黎巴嫩等地的美味料理。不但適合在家招待回教徒的好友共食，也是在家品嘗世界風味的美食指南。

推薦　小家電料理輕鬆做

一人餐桌：從主餐到配菜，72道一人份剛剛好的省時料理

作者：電冰箱　定價：350元

一個人也該好好吃飯，別再用一人份很難煮當藉口，一人料理一點也不難，本書教你從採買食材、快速備料、常備菜也能變出3菜1湯；分享一人食的自炊訣竅，快速做一餐滿足自己。

氣炸鍋 讓健康與美味同時上桌

作者：陳秉文　攝影：楊志雄

定價：250元

嚴選主菜、美式比薩、歐式鹹派、甜蜜糕點。神奇一鍋多用，讓料理輕鬆上桌。鹹食、甜點製作通通網羅其中，減油80%的一鍋多用烹調法再進化，讓你愛上烹飪愛cooking！

健康氣炸鍋的星級料理

作者：陳秉文　攝影：楊志雄

定價：300元

煮父母與單身新貴的料理救星！60道學到賺到的星級氣炸鍋料理食譜，減油80%，效率UP！健康氣炸鍋的神奇料理術，美味零負擔的各國星級料理輕鬆上桌。

健康好生活！用鑄鐵鍋做出的美味

作者：程安琪、陳凝觀

定價：420元

由健康好生活主持人陳凝觀，與烹飪專家程安琪老師攜手合作，教你善用鑄鐵鍋的特點，炒、拌、燉、蒸；省時節能又可完整保留營養美味，教你從家常菜到宴客菜，都由好鍋包辦，天天都能健康好生活！

林太燉什麼
燉一鍋暖心料理

50 道鍋物料理：牛肉 ✕ 豬肉 ✕ 雞肉 ✕ 海鮮 ✕ 蔬菜，輕鬆烹煮，一鍋搞定。

作　者	陳郁菁Claudia	總代理	三友圖書有限公司
編　輯	朱尚懌	地　址	106台北市安和路2段213號4樓
校　對	朱尚懌、蔡玫俞	電　話	(02) 2377-4155
	陳郁菁Claudia	傳　真	(02) 2377-4355
美術設計	劉錦堂	E－mail	service@sanyau.com.tw
		郵政劃撥	05844889 三友圖書有限公司
發行人	程安琪		
總策劃	程顯灝	總經銷	大和書報圖書股份有限公司
總編輯	呂增娣	地　址	新北市新莊區五工五路2號
編　輯	吳雅芳、洪瑋其	電　話	(02) 8990-2588
	藍勻廷	傳　真	(02) 2299-7900
美術主編	劉錦堂		
美術編輯	陳姿伃	製版印刷	卡樂彩色製版印刷有限公司
行銷總監	呂增慧		
資深行銷	吳孟蓉	初　版	2020年11月
		定　價	新台幣350元
發行部	侯莉莉	ISBN	978-986-364-170-4（平裝）
財務部	許麗娟、陳美齡		
印　務	許丁財		
出版者	橘子文化事業有限公司		

國家圖書館出版品預行編目(CIP)資料

林太燉什麼，燉一鍋暖心料理：50道鍋物料理：
牛肉✕豬肉✕雞肉✕海鮮✕蔬菜，輕鬆烹煮，一
鍋搞定。/ 陳郁菁Claudia 作. -- 初版. -- 臺北市：
橘子文化, 2020.11
　面；　公分
ISBN 978-986-364-170-4(平裝)

1.食譜
427.1　　　　　　　　　　　109015873

地址： 　　縣/市　　　鄉/鎮/市/區　　　路/街

　　　　段　　巷　　弄　　號　　樓

廣 告 回 函
台北郵局登記證
台北廣字第2780號

三友圖書有限公司　收
SANYAU PUBLISHING CO., LTD.

106　　台北市安和路2段213號4樓

三友圖書
讀書俱樂部

購買《林太燉什麼：燉一鍋暖心料理：50道鍋物料理：牛肉✕豬肉✕雞肉✕海鮮✕蔬菜，輕鬆烹煮，一鍋搞定。》的讀者有福啦，只要詳細填寫背面問券，並寄回三友圖書／四塊玉文創，即有機會獲得精美好禮！

【朝日調理器】　乙名
　零秒活力鍋(L)
（贈品樣式以實際提供為主）

NT$13,200元

本回函影印無效

親愛的讀者:

感謝您購買《林太燉什麼:燉一鍋暖心料理:50道鍋物料理:牛肉╳豬肉╳雞肉╳海鮮╳蔬菜,輕鬆烹煮,一鍋搞定。》一書,為回饋您對本書的支持與愛護,只要填妥本回函,並於2020年12月10日前寄回本社(以郵戳為憑),即可參加抽獎活動,並有機會獲得「【朝日調理器】零秒活力鍋(L)」(乙名)。

姓名_____ 出生年月日_____

電話_____ E-mail_____

通訊地址_____

臉書帳號_____

部落格名稱_____

1 年齡
□18歲以下　　□19歲～25歲　　□26歲～35歲　　□36歲～45歲　　□46歲～55歲
□56歲～65歲　　□66歲～75歲　　□76歲～85歲　　□86歲以上

2 職業
□軍公教 □工 □商 □自由業 □服務業 □農林漁牧業 □家管 □學生
□其他_____

3 您從何處購得本書?
□博客來　　□金石堂網書　　□讀冊　　□誠品網書　　□其他_____
□實體書店_____

4 您從何處得知本書?
□博客來　　□金石堂網書　　□讀冊　　□誠品網書　　□其他
□實體書店_____□FB四塊玉文創／橘子文化／食為天文創(三友圖書-微胖男女編輯社)
□好好刊(雙月刊)　　□朋友推薦　　□廣播媒體

5 您購買本書的因素有哪些?(可複選)
□作者 □內容 □圖片 □版面編排 □其他_____

6 您覺得本書的封面設計如何?
□非常滿意 □滿意 □普通 □很差 □其他_____

7 非常感謝您購買此書,您還對哪些主題有興趣?(可複選)
□中西食譜 □點心烘焙 □飲品類 □旅遊 □養生保健 □瘦身美妝 □手作 □寵物
□商業理財 □心靈療癒 □小說 □繪本 □其他_____

8 您每個月的購書預算為多少金額?
□1,000元以下　　□1,001～2,000元　　□2,001～3,000元　　□3,001～4,000元
□4,001～5,000元　　□5,001元以上

9 若出版的書籍搭配贈品活動,您比較喜歡哪一類型的贈品?(可選2種)
□食品調味類　　　□鍋具類　　　□家電用品類　　　□書籍類　　　□生活用品類　　　□DIY手作類
□交通票券類　　　□展演活動票券類　　　□其他_____

10 您認為本書尚需改進之處?以及對我們的意見?
_____

感謝您的填寫,
您寶貴的建議是我們進步的動力!

本回函得獎名單公布相關資訊
得獎名單抽出日期:2020 年 12 月 16 日
得獎名單公布於:
四塊玉文創／橘子文化／食為天文創──三友圖書
微胖男女編輯社 https://www.facebook.com/comehomelife/